现代校服设计及标准研制

胡贞华 著

东华大学出版社
·上海·

内容简介

《现代校服设计及标准研制》一书全面而深入地探讨了校服文化、现状、质量标准及设计理论等多个方面。首先，通过前言部分引入，概述了校服研究的重要性和背景。随后，详细阐述了校服的概念、作用及其文化表现与育人价值，为后续的探讨奠定了理论基础。

第二章聚焦于中小学校服的现状与质量管理，分析了国内外中小学生校服的现状，并解读了我国相关校服管理工作的意见，同时深入探讨了校服质量管理与标准化、质量监督管理工作等内容。

第三章至第五章从技术角度，分别介绍了中小学生校服的质量标准技术规范、材料和生产过程品质检验，以及结构设计与制板研究。这些章节详细阐述了校服从原料选择、生产加工到结构设计等各个环节的技术要求和标准，为校服的规范化生产提供了科学依据。

第六章和第七章是校服设计理论与方法的探讨。深入分析了校服设计的背景、定位、理念、分类、表现风格及设计模式等，为校服设计提供了全面的理论指导。第七章则结合实践，介绍了校服设计的方法、功能性设计需求、开发途径以及实践成果展示，为校服设计的实际操作提供了有益的参考。

《现代校服设计及标准研制》系统地梳理了校服文化的内涵与外延，深入探讨了校服行业的技术标准与设计理论，对于推动校服行业的健康发展具有重要学习参考意义。

图书在版编目（CIP）数据

现代校服设计及标准研制 / 胡贞华著. -- 上海：东华大学出版社，2024.7. -- ISBN 978-7-5669-2405-6

Ⅰ. TS941.732

中国国家版本馆 CIP 数据核字第 202406EU99 号

责任编辑：杜亚玲

出　　　版：东华大学出版社（上海市延安西路1882号，200051）
本 社 网 址：dhupress.dhu.edu.cn
天猫旗舰店：http://dhdx.tmall.com
营 销 中 心：021-62193056　62373056　62379558
印　　　刷：苏州工业园区美柯乐制版印务有限公司
开　　　本：787 mm × 1092 mm　1/16
印　　　张：12
字　　　数：300 千字
版　　　次：2024 年 7 月第 1 版
印　　　次：2024 年 7 月第 1 次
书　　　号：ISBN 978-7-5669-2405-6
定　　　价：68.00 元

前言

　　校服是展示学校学生精神面貌和文化内涵的途径之一。良好的校服款式设计，往往能带给人们一种视觉上和心理上美的体验，特别有利于学校形象的传播，促进学校与社会相结合，提高学校的辨识度，增强学校在社会上的影响力。我国校服设计有着强烈的与时俱进的意识。跟随流行趋势的校服设计应符合学生积极向上的现代意识，也应不断汲取时尚元素融入对校服的设计改进，而且在校服的内涵与外观设计上要符合学校严谨、求实、上进的要求，还要融入学生青春活泼的特点，符合时尚潮流，满足广大青少年学生唯美的心理需求，应创新款式设计，提升校服内涵。

　　本书内容包括现代校服设计及标准。先是概述了校服的基本内容，接着详细地分析了中小学生校服现状和质量管理、中小学生校服质量标准技术规范以及中小学生校服材料和生产过程品质检验，然后分析了校服结构设计与制板，最后在校服设计理论研究、校服设计的方法与实践方面做了重要探讨。

　　本书在写作过程中得到了许多校服企业的大力支持，特别是宁波恒驰服饰有限公司的冠栖校服品牌，为本书提供了大量的校服款式、样板及校服质量标准和技术规范。同时，本书也借鉴了很多专家学者的论述，在此表示感谢。由于作者水平有限，本书在内容上还有不足之处，恳请各位读者和专家不吝指教。

CONTENTS

目 录

第一章
校服概述

第一节　校服的概念　>002
第二节　校服的作用　>002
第三节　校服文化的表现　>004
第四节　校服文化的育人价值　>005

第二章
中小学生校服现状和质量管理

第一节　国内外中小学生校服现状及分析　>008
第二节　对《关于进一步加强中小学生校服管理工作的意见》的解读　>018
第三节　中小学生校服质量管理与标准化　>021
第四节　中小学生校服产品质量监督管理工作与思考　>043

第三章
中小学生校服质量标准技术规范

第一节　中小学生校服标准　>062
第二节　基本质量安全技术规范　>069
第三节　针织学生服　>082
第四节　机织学生服　>088
第五节　儿童服装、学生服　>091
第六节　中小学生交通安全反光校服　>098
第七节　其他相关技术性标准　>099

第四章
中小学生校服材料和生产过程品质检验

第一节　中小学生校服材料品质控制　>116

第二节　中小学生校服生产过程品质控制　>133

第五章
校服结构设计与制板

第一节　校服样板制作步骤　>144

第二节　校服样板局部制作与修正　>147

第三节　校服制板技术方向　>149

第六章
校服设计理论研究

第一节　校服设计的背景　>152

第二节　校服设计的定位　>153

第三节　校服设计理念　>154

第四节　校服设计分类　>157

第五节　校服设计表现　>161

第六节　校服设计风格　>163

第七节　校服的设计模式　>167

第七章
校服设计的方法与实践

第一节　校服设计的方法　>170

第二节　校服功能性设计需求　>173

第三节　校服开发的方法与途径　>174

第四节　校服设计实践　>177

第五节　校服设计实践成果展示　>184

参考文献　>186

第一章

校服概述

第一节
校服的概念

校服是中小学在校学生日常统一的穿着，是学校面向全体学生规定的统一服饰。现代校服发源在欧洲，一些学校为了对学生进行更方便的管理，在校级举办的一些重大活动中规定学生统一着装，而且校服一般也会配有校徽，校服穿戴不仅仅代表了学生个人的形象，也代表了学校的形象。学生穿上校服能体现出学生的精神面貌、青春活力，也可以展现该校的文化内涵与教学特点。校服是陪伴人们学生时期最久的服装，校服不仅仅是一套衣服，更是学生青春时代的专属标志。

第二节
校服的作用

一、校服的标示作用

校服不仅为了满足基本的着装需求，更承载着丰富的象征意义和标示作用。一般情况下，穿着校服是一种身份的认同。社会公众通过校服就可以辨识出学生来自哪所学校。因此学生的校服不仅仅是个人的穿着，也代表着学校的形象。同时，校服是学生在校园内的"身份卡"，它让学生之间、师生之间能够迅速识别出彼此的身份，从而增强学生对学校的认同感和归属感。穿着统一的校服，学生会感受到自己是这个大家庭中的一员，有助于促进校园内的和谐与团结。其次，校服是学校的"流动名片"，其款式、色彩等都能反映出学校的特色、办学理念和文化底蕴。通过校服，外界可以直观地感受到学校的精神风貌和整体形象，有助于提升学校的知名度和美誉度。另外，穿校服也有利于学生的安全。行人会更加注意穿制服的学生，车辆还会让穿校服的学生先行。在社会上人们对学生的保护意识强烈，校服的使用也可适当降低犯罪概率。

二、校服的凝聚力作用

制作统一的校服不仅有利于教学管理的统一和规范，也有助于形成良好的学校形象。此外，不同学校的校服有不同的特点。制服的识别很容易让社会识别和区分学生。据调查，一些学校甚至鼓励学生参与校服的设计，例如，让学生参与校徽设计和颜色搭配设计，体现了师生的智慧。特别是，知名学校的校服会让学生为他们的校服感到骄傲和自豪。另一方面，身着校服的学生们还将会努力维护学校和集体的声誉。校服对学生的身份有一种说不出的无形的约束力，对学生的凝聚力起着至关重要的作用，极大地有利于培养学生的自豪感和责任感。

校服有助于培养学生的团队精神，增强学校的整体形象，增强集体荣誉感。同时，校服可以消除越来越突出的学生的讲排场和攀比等不良着装风气。同时，校服可以增强学生的社会责任感，让穿上校服的学生意识到自己身为学校的一分子，应该自觉遵守学校的校风纪律，规范自己的行为准则。不仅如此，校服还能加强学生的自我认同感，使学生有集体意识和团结意识。校服能从一定程度上凝聚学生的主体精神，增加学生对学校的认同感和归属感，也无形中连接了学生之间的情谊，更有利于促进和谐的师生关系和同学关系的构建。

三、校服的育人作用

校服是校园文化必不可少的一部分，穿着校服不仅能够区分学生身份，更重要的是对学生起到一定的规范约束作用。校服制度要求学生按时穿着校服上学，有助于培养学生的纪律性和规则意识，让学生逐渐习惯并接受这种规则，并将其内化为自己的行为准则。其次，校服制度在一定程度上削弱了学生在穿着上的攀比心理。学生穿着相同的校服，无需担心自己的穿着是否落后于他人，从而能够将更多的精力投入到学习和个人成长中。另外，校服作为校园文化的载体，其设计往往注重实用性和舒适性，以满足学生日常学习和活动的需求。这种设计理念有助于引导学生树立正确的审美观和价值观，促进他们在德、智、体、美、劳等方面的全面发展。

第三节
校服文化的表现

一、校服文化的物质表现

校服不仅仅是一种实物的服饰，它还蕴含着深刻的价值理念、独特的教育理念和校园文化。这些所有的价值观念构成了一个无形的磁场，形成了一种独特的校园文化系统。校服带给学生们的感官刺激，有助于帮助学生形成统一、团结、凝聚的校园理念，引导学生树立正确的价值观，同时校服文化对于学校来说，也是学校特色和德育文化的体现，有助于学校打造鲜明的校风特色和学校的品牌价值，最终达到学校对学生进行优化培育。校服作为校园物质文化的一个组成部分，能避免学生过度追求物质而形成的竞争现象。校服文化不仅可以改变学校的视觉风格，还可以融入学校的办学理念和校风校训中，有利于学校整体教育理念和文化价值的建设，优化教育环境。

二、校服文化的行为表现

校服作为校园文化的象征，不仅可以让学生对自己的身份有个清晰的定位，还可以让他们以身作则，用自己的实际行动来维护母校的声誉，给学校树立良好的形象。

校服可以满足青少年归属感的需要，起到团结师生、增强集体荣誉感的作用。学生穿着校服时会有一种归属于班级、集体的感觉，这种集体归属感有利于增强学生的团结合作意识，让学生们把注意力放到学习生活中，在日常生活中团结他人、友好相处。

三、校服文化的精神表现

校服能在一定程度上体现师生的素养和文化精神面貌，对于校园形象的树立有很好的促进作用，对学校文化品牌建设起到重要的推动作用。校服是校园文化和精神的象征，同时通过校服这一简明直观的方式又将校园文化和精神理念传达给学生，让学生体会到校园的教育理念，被校园文化所引导，形成正确的人生观和价值观,并且在校风校训的积极引导下自觉约束自己的行为准则,以此来培养学生的归属感和责任感。

校服是校园文化重要的一种服饰,是学生和学校的象征,是校园文化的载体,拥有特别的教育功能和文化价值,是青少年学生学习和生活的重要组成。它是一个时代的流行趋势、主流价值、审美观点、经济技术水平的体现。校服不仅具有服装的内涵,也折射了各个学校的教育观,体现各个学校的办学特色和教育理念。

第四节
校服文化的育人价值

一、育人价值中的物质属性

我国现今的社会经济发展迅速,社会各级的贫富差距不断拉大。有些家庭条件好的学生开始穿名牌,互相攀比穿戴。这种情况会让许多来自不富裕家庭的学生感到非常自卑。学生们穿着统一的校服避免了教师在教学时因为不必要的服饰问题而导致的教学延误,也遏制了学生产生炫耀和攀比的心理。校服对于不同家庭经济水平的学生来说一视同仁,家庭条件较差的学生,在穿上校服后会减轻他们的自卑心理。这样也是对校园良好风气的建设,增强学生对集体的凝聚力和向心力,打造良好的校园环境,形成良好的同学关系。

二、育人价值中的行为属性

校服在风格、颜色和面料上表现出独特的一致性和标准化。这种无差别的管理潜移默化地对学生进行了规范和约束,规范了学生自身的行为准则,同时培养了学生的纪律性。在这种情况下,有利于学生形成秩序的意识。例如,当大部分学生穿了校服,只有少数学生没穿时,他们会感受到突出差异带来的不安全感。但是一旦穿上校服,学生对自己的身份会有更大的认同感,会按照学校的规章制度来行事,自觉约束和规范自己的行为。校服也有利于培养学生的责任感,就像士兵穿制服一样,学生穿上校服是对自己社会角色的认同和彰显,让学生意识到自己的社会责任,从而主动地规范自身的行为,遵守学校的各项规章制度，这从根本上减少了校园暴力等一系列校园安全问题的产生，有利于构建良好的校园环境。所以，校服在这个过程中充当了规范学生行为观念的重要作用。

三、育人价值中的精神属性

教育关乎国家的未来，学生是祖国未来的花朵，科学技术是第一生产力。这些理念都在强调教育的重要意义。我们都知道，各个国家之间的竞争其实也是教育的竞争。所以，国家对于学生的培育一直是国家发展中的核心问题之一。校服既是学生校园生活的必需品，也是蕴含着校园文化和价值观念的重要载体，更应该受到重视。学生穿着校服能增强他们的集体归属感和荣誉感，能培养他们学会自我规范和约束，也能促进学生之间良好、友爱、团结的关系。学生穿上校服后，就会被赋予特定的学生身份，会觉得自己是社会的一分子，是学校的一分子，会有对集体的认同感和向心力，在马斯洛需求层次理论中，生理的需求是第一级，其次分别是安全的需求、情感和归属的需求、尊重的需求和自我实现的需求。这里穿着校服就满足了这一原理的第二层次情感和归属。情感和归属在学生的成长过程中至关重要，有利于他们培养正确的人生观、价值观。

第二章

中小学生校服现状和质量管理

第一节
国内外中小学生校服现状及分析

校服最早出现于欧洲中世纪英国教会创办的学校里。当时一般叫"学生装",学生装最初的作用是满足于人们对于阶级划分的精神需求。在那时,受教育的人群往往是社会的中高阶层,他们有一定的社会地位,为了划分等级、规范等级制度、表现阶级意志和伦理道德观念,在服装上做出区分。如中国早期的知识分子、文人骚客以戴冠或巾来表明身份,而西方学者则以宽袍大袖来展现其威严的学术地位。

校服是学生的符号,也是学生的一种身份标记,学生校服显示约束和规范的同时也体现了平等的精神。在校园内,在同一学习环境里,穿着同款式校服的学生们都是平等的。校服一方面用来区别和突出学校的特色与个性,另一方面用来规范和凝聚学生的形象与精神。

在校园生活中,身着校服的学生们在展现纯真与青春飞扬的同时,校服也是校园里永远流动的风景。呈现校风校貌的校服既是校园文化的载体,也是校园文化和教育理念的形象符号,更是流动的"校训"。规范统一、个性鲜明的校服设计,是团队精神形象,可以提高学生对学校的归属感、荣誉感和主人翁意识。因此,校服在设计时应严格区分出不同地域、不同学校、不同年龄阶段的不同着装特点,将文化和教育理念的主体形象符号生动地运用于校服设计之中。

据研究,人们感知外部环境的信息,多达 80% 以上都是通过视觉通道到达人们心智的,也就是说,视觉是人们接受外部信息的最重要和最主要的通道。在学校品牌视觉识别系统(School Identity System,简称 SIS)中,以学生校服为设计主体的服饰规范系统在多方面、长期性地构筑着学校与公众之间沟通的桥梁,以校服为主体的视觉符号是整个学校品牌视觉识别系统中最为重要的"视觉形象符号"。

一、国外中小学生校服现状及分析

由于各国国情不一,国外对中小学生校服的要求也不一样。但总的来说,舒适、得体、美观、大方均是各国校服设计的基本要求。而对中小学生校服的监管和重视程度，各国的侧重点也不一样。

（一）美国

由于美国是多文化国家，美国的校服往往比英国或其他英联邦国家更随意。通常情况下，不同的学校对学生校服要求也不一样，例如公立学校，对学生的服装要求不严，衣服上最好不要有太大的字或图案，穿衣得体就可以；教会学校一般都是上身T恤，下身穿牛仔裤，不能是运动裤，衣服上绝对不能有任何亵神的字或是脏字，衣服上的图案最好不要超过掌心，上衣大多带领；寄宿学校穿衣要求比较严，有校服的话得穿校服，学生们穿带领的纽扣衬衫，男孩戴领带，女孩配领结，一般下身是卡其色裤子，且根据学生的身体和年龄佩戴腰带，裙子是女孩可选的。市内小学和初中是Polo衫和裤子，高年级则是按扣式衬衫配领带、皮带和正装长裤或裙子。美国一般最常见的校服类型为：按扣式的礼服衬衫与领带或Polo/高尔夫衬衫；裤子颜色一般为卡其色、灰色或海军蓝；皮带通常是黑色、棕色、深蓝色或灰色；配各种类型不同的正装皮鞋。

到目前为止，美国还没有一个州的立法机构或州教育行政部门在全州范围强制中小学生统一穿着校服。有21个州和华盛顿特区通过政策授权地方学区或学校可要求学生统一穿着校服或允许学生穿着哪种服装。1996年，美国联邦教育部曾下发一个参考性文件《学校校服指南》，指出是否实行统一校服的决定权在州、校区和学校，提出了实施学校统一校服的注意事项，推介了一些学区实行统一校服的做法。很多大型公立学校校区，如巴尔的摩、辛辛那提（50%公立学校）、代顿、底特律、洛杉矶、迈阿密（60%公立学校）、新奥尔良（95%公立学校）、凤凰城、西雅图等，都通过强制或学校自愿的方式在中小学特别是小学和初中推行统一穿着校服政策。2000年5月，费城市教育局要求该市259所公立中小学校所有年级，约20万学生统一穿着校服。其具体做法为：一是费城市教育局做出所有公立中小学都必须穿着校服，具体由各学校落实的原则规定，提供可供选择的厂商，并负责对生产厂商和零售商资质进行检查；二是学校通过与校长、教师、学生、家长协商，共同确定本校的校服颜色、款式等，与厂商就价格、质量等达成一致意见；三是学生家长在每年9月新学期开学前到确定的厂商服装零售点购买学生制服；四是市教育局和学校动员厂商、民间基金会等社会力量提供捐赠，为经济困难家庭购买校服提供经济援助，但学校不得公开这些学生的名字和情况；五是学校建立一个校服库，用于筹集资金购买校服后的存放，以便为经济有困难者提供两件规定的校服。或为未按规定穿校服学生提供一天强制可更换的校服；六是市教育局授权学校对无正当理由拒绝穿校服的学生进行纪律处分。包括放学后整理学校校服库，不能参加学校毕业典礼、音乐会、运动会，不能参加班级旅游、舞会，取消在学校上网资格，甚至将其编入学校限制活动的班级里等处罚。

（二）英国

英国是"学生装"公认的发源地，著名的霍舍姆基督公学的蓝袍学生装（Blue Coat）是世界上最早出现的学生装。霍舍姆基督公学由英皇爱德华六世创办于1552年，其著名的及地式蓝袍学生装自学校在都铎时代成立之初起，就作为学生的日常学生装一直沿用至今。蓝袍学生装作为世界上最古老的学校制服被赋予了深刻的历史内涵，也发展为一种信仰和荣誉的象征。英国学生装首次大规模出现在英王亨利八世统治时期，它们是由染成蓝色的长风衣外套组成的，被称为"Blue coat"。蓝色当时是最便宜的染料，而又能表现出学生谦逊的品质，因此广泛流行。

在都铎王朝时期出现的"蓝制服"起源于教士的长袍，其外套的长度到腿与脚踝之间，袖子十分合体，长度至腰部以下。门襟处钉有一排银纽扣，扣子上印有基督工学创始人爱德华六世的浮雕头像。外套外系一根有银色徽章的细腰带。衬衫与18世纪末"新古典"主义男衬衫样式接近，领部系白色领巾，衬衫的面料为厚实的毛织物。裤子较为紧身，长及膝盖以下，下面穿土黄色长筒袜，脚上穿黑色皮鞋。这样的学生装样式，可以培养男生优雅而威严的意志。

1870年，英国的基础教育法案提出免费小学教育。学生装的受欢迎程度逐步增加，并最终被大多数学校接受。在此期间，大多数校服反映了时代的发展趋势，男孩穿着短裤和夹克，从14或15岁到青春期变成长衣长裤。女孩主要是上衣、束腰连衣裙和学生裙，到20世纪初发展为无袖上衣和百褶裙。

现在，英国小学的校服上装一般是Polo衫或短袖衬衫，下装的搭配，男孩是长裤或短裤，女孩是裙子或裤子。在一些小学，夏天女孩可以穿连衣裙。中学一般是学院规定颜色的夹克衫或白色的衬衫或女式衬衫，黑色的领带，裤子或裙子，灰色、蓝色或黑色的鞋子，也可以是衬衫、毛衫和领带或Polo衫。

英国各中学校服通常是由学校统一定制，由于只有这项费用需要学生家庭自己担负，因此校服的价格较高，一般需几十英镑。尽管如此，多数家长仍愿意为孩子购买校服。原因是青少年易受同伴影响，喜欢互相模仿，又希望紧贴时装潮流，追捧新款服装。假如不规定穿校服上学，父母就需要花费很多时间和金钱为子女上学的服装操心。鉴于此，英国校服销量能够保持良好态势。不少教育界人士赞成学生穿校服，其中一个原因是校服可以带来庞大的经济利益。值得一提的是，英国一些拥有较深文化底蕴的服装品牌是由校服起步的，比如创建于1865年的N&L（New & Ling-wood）原为英国贵族学校伊顿公学（Etorl School）特供校服，现今它已全面进入保守的英国上层社会。除了仍为伊顿公学服务之外，该品牌也逐渐开始拓展美国市场。

（三）日本

据研究，校服一词较早出现在日本。当时由于战争导致部分家庭生活艰难，学校为了使出身于这样家庭的学生不会因为自己家庭困难而产生自卑感，同时也不使那些家里生活条件好的学生在学校炫耀，于是规定每个学生上学的时候必须穿着相同的衣服。

在日本大多数的小学，不要求学生必须穿校服上学。如果需要校服，男生一般是白色衬衫、短裤和帽子。女生是灰色百褶裙和白衬衫，偶尔女孩会穿着水手装。同时，小学生佩戴鲜艳颜色的帽子在日本很常见，以避免交通事故的发生。

日本初中和高中的校服，男生在样式上沿用了传统的军事风格，女生则是水手服。它们是以明治时代的正式军装和欧式风格的海军制服为蓝本。虽然这种风格的校服仍在使用中，但很多学校已经开始使用更西方化的校服款式，其中男生校服包括白衬衫、领带、夹克或背心和裤子，通常是不同颜色的外套或毛衣背心，女孩是白衫衣、领结、西装上衣和格子短裙。

日本对纤维制品中含有的化学物质有法律规定，特别是对儿童用品中甲醛、有机汞化合物等的含量有明确限制，如果超过规定便不允许销售，校服也在法律限制之内。日本从幼儿园就有园服，公立的小学没有校服，私立的小学和中学都要穿校服，校服和运动服是分开的，以藏蓝色等深色为主，做工考究，价格也比较贵。一些小学生的校服外衣、胸口口袋、衣领边缘、后背都会使用反光材料，前胸部分加入了强度比较高的防护材料以增加安全系数。很多校服的袖子、裤子可以变长，选用的材料注重轻量、耐脏和速干的特性。校服一般由校方委托专门厂家设计制作，因为校服一旦定型就多年不变，所以校方和厂商的合作关系也比较稳定。有些地区的教育部门会指定当地的学校选择本地区的厂商生产校服，以扶持当地经济。如今日本的大量产品在海外生产，但校服却很多是日本国产的，有的日本大型的校服生产企业甚至完全不录用外籍员工，这在大型服装企业中并不多见，原因是他们非常注重技术培训和品质，认为采用本国熟练员工更有利于技术的传承和产品质量的保证。

（四）韩国

在韩国，除了一些私立小学，大多数小学没有校服，从中学开始，校服才被严格要求，几乎所有的韩国中学生都穿着校服。韩国校服以西式制服为基础，一般包括衬衫、夹克和领带，女孩可身穿裙子，男孩则是灰色长裤。近年来，校服经常被年轻群体的偶像穿着，并已形成广告效应，学校还经常被作为浪漫场所对外宣传。其结果是，校服变成在学生间表达时尚的一种方式。

韩国校服已作为成衣的一个品类在市场上参与商业竞争，并逐步形成特有品牌。校服制造商在销售中非常注意广告宣传，很多校服品牌不惜以重金邀请当红青春偶像做代言人，如 SMAT 品牌的校服就请当红偶像文根英为代言人。以这些当红偶像作为模特拍摄的精美校服宣传海报，往往可以非常有效地吸引中学生的注意，而中学生对偶像的崇拜模仿心理，不仅使拥有偶像代言的校服品牌销量大增，也使学生真正喜欢自己的校服，并以身上的校服为荣。

目前韩国校服的生产销售已形成较成熟的商业化运作模式，并且具有自己的品牌和风格。在这种商业化竞争背景下，韩国校服利用市场强大的调节作用和淘汰机制，让校服充分参与市场竞争。在自由市场的推动下，校服甚至形成特有的高端品牌，逐渐进入质优、物美、价廉的良性循环，在拥有高质量的同时，又具有时尚的设计感。

（五）新加坡

新加坡学生从小学到高中都有统一的校服，有的学校要求学生统一佩戴校徽。在新加坡，除了学习成绩的要求以外，学生的团队精神和领导力的培养也很重要。社会普遍认可人与人之间存在的差异，包括智力、能力、天赋。同时认为家庭和环境对于学生的成长至关重要，家庭条件好的学生一般成绩好，成才的程度高，因为家庭条件好的学生可以享受更多的社会资源和信息。

新加坡校服制度实行得比较好，这本身就是一种教育，平时无论在哪里，都可以辨认出不同学校的学生，在超市、路上、车上看到的学生都是彬彬有礼的。如果上军事课，学生还得穿军装，穿上军装就得行军礼；制服就是身份的象征，如果学校有校外活动，在路口服务的学生就要穿警服。校服可以淡化种族意识，避免民族服装进入校园，促进不同民族学生的融合，符合新加坡民族和谐相处的政策。由于学校里学生的家庭条件差距很大，校服的统一可以避免学生的攀比，减少尊卑差距。

新加坡校服的成本很低，制作简单，追求实用，一般配上白鞋白袜，显得素雅端庄。

二、国内中小学生校服现状及分析

（一）国内校服发展史

中国最早的校服即"学生装"，可以追溯到春秋时期，当时孔子讲学，要求学生着青衣青帽。中国早期的文人们多以头部饰物来表明知识分子的身份。魏晋时期受禅宗思想影响，文人们着宽衣博袖的服装来表达精神的自由。到了宋元时期，推崇"理学"，提倡"存天理，灭人欲"，服装风格相对较朴素。明朝以后，出现了"儒士服"、"状元服"、"进士服"和"秀才服"，用以标明知识分子的阶级立场和身份地位，但这并非所有学生的统一服装。

在中国旧式私塾中，学生们的着装多为"长袍马褂"，没有国际认同的真正意义上的"校服"可言。19世纪，当欧洲发生了工业革命以后，中国自给自足的封建经济受到冲击，鸦片战争敲开了中国的国门，舶来品大量涌入中国，西方的物质文明和精神文明冲击着当时故步自封、夜郎自大的东方文明古国。西方文明带来了生活上的便利，使人们将民族传统抛在了脑后。许多进步人士和留学回来的知识分子，将中国推入改革的浪潮中，于是在中华大地上开始了一场"变发易服"的形象革命。

辛亥革命后，进步人士认为知识才能改变中国的命运。当时的清政府进行了教育改革，各级"学堂"如雨后春笋般纷纷建立起来，于是，一大批学堂应运而生。中国早期的"校服"也随之出现，学校为了便于管理，发给学生统一的服装，开创了中国近代校服的先河。由于学堂为官办，所以圆顶帽、马褂的"官服"成了当时学生们统一的服装。到1920年前后，经济发达的省份已兴办了很多中学和大学。学校对着装有明文规定，比如，北京大学在当时规定学生必须着长袍。此外，根据学校办学性质不同，如师范学校、艺术学校、工科院校等，其校服的风格也不同。

由此看出，中国的"校服"历史是从辛亥革命开始的。民国是我国千年旧制分崩离析、西风渐进的时期，这时期的着装风格最大特点是中西并存、新旧杂陈。自20世纪20年代开始，部分学校和洋学堂开始规定学生穿着统一的校服。新文化运动更是唤醒了人们对审美的渴望，制式装应运而生，成了当时女学生最喜爱的着装。20世纪30—40年代，旗袍是当时最流行的女性服装。旗袍源于满族女性的传统服装，民国年间融入了西方元素，改良成为最能体现女性魅力的流行服装，中式旗袍开始流行于校园内。旗袍在长短、宽窄、开衩高低以及袖子长短、领子高低等方面不断推出新的花样，开衩领旗袍、荷叶袖旗袍、披肩式旗袍等更是引领着当时的时尚。

1949年，中华人民共和国成立后，旗袍被干部装所取代，人们对着装美的追求为朴素美和劳动美。全国人民自觉穿起干部装（中山装）、军装、列宁装和棉大衣。中小学生们大都穿着朝气蓬勃的白色短袖衬衫、蓝色的短裤或短裙，佩戴红领巾或团徽。大学里，几乎所有的男生都穿着简单大方的白衬衫、蓝裤子，外套不是中山装就是列宁装。女学生大部分穿布拉吉连衣裙，或者是背带式T装裤，布拉吉是来自苏联的一种连衣裙，其款式非常简单，充分体现出劳动美的本色及其时代风尚。

20世纪60年代，军装和中山装开始流行，艰苦朴素是这个时代最主流的时尚，中国的着装风格真正进入了蓝灰绿的无彩色着装时代。款式一致、色彩单一的军装盛行，草绿色的旧军装就是这时期的学生最主要的着装。学生们都以穿着绿色军装为时尚，头戴草绿色军帽，一身草绿色军装，臂戴红袖章，肩挎"为人民服务"军用书包，胸前佩戴毛主席像章，成了20世纪60至70年代学生们的时尚着装。

20世纪80年代，西方的奇装异服进入中国市场，人们的着装也开始从单调统一向绚丽多彩转变，人们开始告别那个"蓝灰绿无彩色"的着装时代，深藏的爱美之心逐渐在着装上得以释放。"新浪潮"也许是这个时代出现频率最高的词汇，中国人以极快的速度赶上了世界的潮流。牛仔裤、连衣花裙、休闲装开始粉墨登场，西装重新崛起，运动服、羊毛衫大行其道。校园里很快就变得色彩斑斓，但是校服却在很长一段时间里一直没有进入人们的视野，直到80年代后期，校服才逐渐重回我们的校园。

当时的"校服"没有统一的标准，没有规范的样式，每个学校都有自己的款式选择。由于受过去的审美习惯的影响，很多学校的校服设计参考了"军事元素"，也出现过模仿海军军装的校服款式。到20世纪90年代至21世纪初，运动服登上校服的历史舞台，运动服装开始在中国盛行，此时的学生着装在加强学生的思想品德教育，增强学生的集体荣誉感，贯彻中小学生的日常行为规范，优化育人环境，加强学校常规管理等方面都起到了很重要的作用。国家教育委员会在1993年印发《关于加强城市中小学生穿学生装（校服）管理工作的意见》，总结从1991年4月开始选择南京、大连、长沙等城市进行试点所取得的经验，进一步在有条件的城市进行推广。文件要求校服的设计原则为"朴素、大方、明快、实用"，充分体现青少年的生理和个性特点，在广泛征集学生装（校服）效果图或实样的基础上，各地要认真组织专家和有关人员进行评选，着装款式一经确定，应保持相对稳定，以利于充分发挥统一着装的作用。

中国校服的百年发展史，已然形成了一种文化，校服无论作为一种重要的服饰文化，还是作为一种重要的校园文化，都受到了人们前所未有的重视。中华人民共和国成立至今，校服的变迁追随着历史的步伐一路向前，承载着一代代人青春少年时代的美好记忆。进入 21 世纪，在这个全新的时代里，对于校服的发展，我们期待着制定更关注学生本体的校服着装规范；期待着更安全的着装面料的选用标准和实现更人性化生产工艺；期待着出现更科学的设计和更合理的款式。百年大计，教育为本，校服作为教育事业的重要承载体，也应顺应时代的潮流而发展。

（二）国内校服现状

国内的校服对比西方发达国家的校服来说，还存在一定的差距，特别是在校服款式陈旧的问题上，"千人一面"的运动服几乎成为校服的代名词，更是当下学生家长热议的一个话题。单一的校服款式抑制了学生的个性发展和对美的追求。还有国内大多数中小学的校服，各年龄段在款式结构上基本没有什么区别，不能体现出不同年龄段孩子的心理和生理特征。有的学校对生产厂家的选择往往只考虑价格、款式、做工等因素，尤其在评审时过分追求"价格"因素，价格分占总分权重较高，即对低价者有利，对校服的安全性指标关注不多，一些学校甚至出现质地低劣、做工粗糙的校服，对学生身体健康不利。

近年来，校服的安全性、美观性正受到政府和社会前所未有的关注，各地进一步强化和规范学生校服质量管理，根据《中华人民共和国产品质量法》和国家相关产品技术标准的要求，结合各地实际，纷纷制定了相关的"学生校服质量技术要求指导意见"。2002 年北京市率先制定了全国首个校服标准，明确了面料棉纤维含量、甲醛释放量等指标要求，还要求对未经过市服装质检部门检验合格的校服产品，全市中小学不得进行验收及向学生发放。据调研，上海、广东、云南、江西、江苏等地也都制定了校服的地方质量标准。2004 年广州市质量技术监督局和教育局联合向该市各中、小学校印发《广州市学生校服质量技术要求指导意见》，对学生装的甲醛含量、纤维成分含量、起球、耐洗色牢度等定下具体指标。从 2004 年秋季开始，广州市各中小学校在与校服生产厂家签订的生产合同中，要明确规定校服的具体质量指标并作为质量验收标准，学校必须指定专人负责校服的质量管理和验收，严格把关原材料和成品的质量。

目前我国校服现状具体存在以下几点问题：

① 款式、颜色单调。国内中小学生校服在款式、面料上严重落后于时代，不仅谈不上校服的时尚化，有的校服甚至连合体都做不到。大部分校服在设计、用料上并不注重学生年龄段差异。另外，校服的颜色单调也是部分学生不喜欢穿着的原因之一。当然，关于"颜色单调"的问题，是一个认识和观念问题，作为学生装的"常服"，校服是应当简洁端庄，色调偏冷淡深沉，不宜花俏，才有利于视觉舒适和心理冷静，有利于课堂的宁静要求，国际上大都如此。小学生的校服颜色可适当考虑加入"欢快、鲜艳"的成分，但总体色调仍需以有利于课堂宁静的要求。初中生的校服可稍庄重些，但也不应脱离学生的朝气。

国内的中小学校服很多都被设计为运动装，或是说以一套运动装代替之。一般而言，运动装服饰功能特点是宽松与舒适，代表随意、灵活和自由，但是不分场合的千篇一律要求，却带来了校服本身意义的模糊和功能畸变。在很多学校，校服款式都是男女统一的，未体现男女性别差异，样式难看，缺乏美感。大多数学校的校服就是一年两身运动装。个别学校的中学生校服是采用西装式，而且尺码只有特大、大、中、小四种，常常不是衣短裤长，就是衣大裤紧。因为校服款式的一致，已成为无性别服装，不论男生女生，穿上后一律是圆鼓鼓、松塌塌的没有朝气。一件运动装让学生从早穿到晚，不分场合，不分功能，不合常情，这也是缺乏服饰文化素养的表现。长期如此，学生也可能会产生逆反情绪或抵制行为，不符合教育的基本规律。

② 安全性差。校服属于制式服装（职业装），由于此前国家尚未制定全面的校服质量安全标准，且缺乏有效的监管制度和条件，因此校服质量安全很难得以保证，一些劣质服装甚至会对中小学学生的身体发育产生一定的危害。当前校服主要存在的质量安全问题包括：一是大多数采用涤纶面料，这种面料容易起毛起球，易产生静电，手感差，透气性差，穿着效果不理想；二是不注重产品安全性，许多校服加工企业将校服看作低档的短期盈利产品，面料生产采用传统工艺，生产中所用的有害物质难免有残留，特别是使用的非环保染料会对人体产生直接危害，如甲醛、禁用偶氮染料超标等；三是忽视校服的质量要求，使用劣质原料，导致染色牢度差，引起校服掉色、褪色，影响校服服用性能；四是部分企业质量保障能力差，导致校服缝子纰裂、制作工艺不精良、断线、开线、布面不平整、钉扣牢度不够等问题；五是纤维含量与实际标注不相符。因而当前我国校服质量安全仍有待进一步提高。

③ 价格偏高。目前市场上校服的质量与价格普遍不相匹配。具体而言，有些学校夏装价格高达七八十元一套，冬装更是超过一百元一套，即便是简

单的 T 恤衫也要几十元。考虑到一个学生至少需要准备夏装、秋装和冬装三套，这对于许多家庭而言，无疑构成了不小的经济压力。

据了解，全国各地校服价格存在较大差异，但普遍而言，一套学生装的价格区间在四十元至八十元之间。然而，中国针织工业协会理事长王智指出："校服常用的涤盖棉面料面密度通常在 200 g/m² 左右。虽然理论上可以生产面密度低于 200 g/m² 的涤盖棉面料，但这需要较高的技术支撑。布料越轻薄、面密度越小，对生产工艺的要求就越高，从而直接导致校服的生产成本显著增加，因此，每套校服的成本远非二十几元所能涵盖。"

三、中小学生校服质量标准现状及分析

在中小学生校服国家标准未发布以前，我国中小学生校服在基本安全性能方面，必须执行 GB 18401《国家纺织产品基本安全技术规范》、GB 5296.4《消费品使用说明第 4 部分：纺织品和服装》等强制性标准；在一般产品性能方面，主要参照 GB/T 23328《机织学生服》和 GBAT 22854《针织学生服》的技术要求进行考核。同时，还有 GB/T 28468《中小学生交通安全反光校服》、SB/T 10956《学生服商品验收规范》等标准，以及十多个省市制定的地方校服强制性或推荐性标准。相关标准数量多，但存在着标准分散，标准之间协调性不够强，无专门针对中小学生校服的专用标准，不便于标准各相关方使用，并容易让普通消费者产生我国没有校服标准的错觉。

2014 年 4 月，教育部教育装备研究与发展中心举行了推进学生装（校服）工作的座谈会，并于 4 月下旬派出专项调研组走访各地的学校、学生装生产企业、学生装管理机构，首个全国中小学学生装研究中心也在北京服装学院挂牌成立，随后教育部教育装备研究与发展中心和北京服装学院在这个研究中心平台基础上开展联合研制我国首个中小学学生装安全标准。2015 年 6 月 18 日教育部、工商总局、质检总局、国家标准委等四部门联合发布《关于进一步加强中小学生校服管理工作的意见》，明确要求校服安全与质量应符合 GB 18401《国家纺织产品基本安全技术规范》、GB 31701《婴幼儿及儿童纺织产品安全技术规范》、GB/T 31888《中小学生校服》等国家标准。2015 年 6 月 30 日由纺织工业科学技术发展中心、中纺标（北京）检验认证中心有限公司、上海市服装研究所、天纺标（天津）检测科技有限公司、教育部教育装备研究与发展中心、中国服装协会、中国针织工业协会和北京服装学院负责起草的 GB/T 31888—2015《中小学生校服》国家标准发布，并于即日起实施。

第二节
对《关于进一步加强中小学生校服管理工作的意见》的解读

2015年6月18日,教育部、工商总局、质检总局、国家标准委联合向各省、自治区、直辖市教育厅(教委)、工商局、质量技术监督局(市场监督管理部门)、新疆生产建设兵团教育局(质量技术监督局)发布了《关于进一步加强中小学生校服管理工作的意见》(以下简称《意见》),《意见》针对校服管理的关键环节,提出切实可行的政策措施,形成有效管理服务体系。

教育部、工商总局、质检总局、国家标准委联合发布的《关于进一步加强中小学生校服管理工作的意见》(教基一〔2015〕3号)共分十个部分,具体内容解读如下:

一、《意见》背景与目的

该文件(教基一〔2015〕3号)由教育部、工商总局、质检总局、国家标准委联合发布,旨在进一步加强中小学生校服管理工作,确保校服品质,发挥校服的多重功能,保障学生的健康成长。文件强调了校服在校园文化建设、团队意识培养、平等精神传播以及中华优秀文化传承中的重要性,并指出了当前校服管理工作中存在的问题,提出了多项具体措施。

二、主要内容概述

(一)充分认识加强校服管理工作的意义

校服被称为中小学生的"第二层皮肤",其质量和式样对学生的健康成长和形象气质有深远影响。校服是培育校园文化、培养团队意识、传播平等精神的重要载体,也是传承中华优秀传统文化的积极探索。

(二)严格执行国家标准

采购单位需在合同中明确校服执行标准,生产企业需严格遵守国家相关标准要求。校服安全与质量需符合多项国家标准,严禁不按标准生产和采购。

（三）有效规范校服市场

工商部门需严格进行校服生产企业登记注册，质监部门加强质量监督抽查。教育行政部门不得干涉交易，严查地方保护行为，保障市场公平。

（四）加强校服质量检查

校服供应和验收应实行"明标识"制度。确保校服具备齐全的成衣合格标识和检验报告。教育行政部门和学校要明确相关要求，确保采购单位在接收校服时进行检查验收，查看产品质量检验报告和质量标识。鼓励"双送检"制度，加强供货企业的日常监督检查。

（五）强化学校选用管理

学校应在深入论证和与家长委员会充分沟通的基础上确定是否选用校服。建立多方参与的校服选用组织。要健全工作机制，实行信息公开，吸收专业组织和人员意见建议，不断提高校服选用采购的规范性和科学性。学生自愿购买校服，款式保持稳定，探索校服回收利用机制。

（六）加强校服采购管理

教育行政部门可依法制订校服采购操作规范程序和统一采购合同，全程公开采购过程。工商、市场监管部门加强市场监管，采购单位需做好深度调研，加强公示。政府采购需按法律法规进行招投标，发现质量问题需立即处理。

（七）建立监督惩处机制

质监、工商部门依法查处不合格校服生产、销售企业，建立"黑名单"制度。对违反采购程序的人员依法处理，畅通投诉举报渠道。

（八）改进校服设计式样

注重校服面料、功能、式样的研发，健全推荐评议制度。设计需遵循学生成长规律，充分考虑学生体育运动与课间活动需要，突出育人功能，贴近地域文化，符合时代精神。

（九）加强校服发展保障

加大对贫困学生、孤儿、革命烈士子女、残疾儿童等群体的校服保障力度，并优先配发给农村地区中小学生，鼓励社会力量公益捐助。

（十）健全校服工作机制

强化由教育部门牵头的联动机制，明确工作任务和职责，定期开展联合专项检查。发挥相关行业协会作用，通过行业自律保障校服品质。

三、见解与策略

《意见》通过一系列具体措施和要求，旨在全面提升中小学生校服管理工作的水平，确保校服品质，保障学生权益，促进校园文化建设和学生健康成长。各部门需紧密配合，共同推动文件精神的贯彻落实。

（一）强化家长与社会的参与度

在选用和采购过程中，进一步增加家长和社会的参与度，通过公开听证会、网络投票等方式，让更多人参与到校服的设计和选用中来，确保校服既符合学校需求，又满足家长和社会的期望。

（二）建立校服质量追溯体系

利用现代信息技术，建立校服质量追溯体系，实现从原材料采购、生产加工、检验检测、物流配送到最终使用的全链条监管。家长和学生可以通过扫描校服上的二维码，了解校服的详细信息和质量检测报告，增强对校服质量的信任感。

（三）鼓励校服设计与地域文化、校园文化融合

在校服设计中，更加注重与地域文化和校园文化的融合，通过校服展示学校的特色和风格。可以组织校服设计大赛，邀请专业设计师、学生、家长和教师共同参与，激发创意灵感，设计出既美观又实用的校服。

（四）推广环保、可持续的校服生产理念

鼓励校服生产企业采用环保材料和生产工艺，减少化学物质的使用和废弃物的排放。同时，推广校服循环利用机制，如以旧换新、租赁等模式，降低资源浪费和环境污染。

（五）加强校服管理工作的监督与评估

建立健全校服管理工作的监督与评估机制，定期对校服管理工作的进展情况进行检查和评估。对于工作不力、存在问题的地区和单位，要及时进行整改和问责，确保校服管理工作的有效实施。

（六）加大校服管理工作的宣传与引导

通过多种渠道和方式，加强校服管理工作的宣传和引导，提高广大师生和家长对校服管理工作的认识和理解。同时，及时公布校服管理工作的进展情况和成效，树立典型和榜样，推动校服管理工作的深入开展。

第三节
中小学生校服质量管理与标准化

一、质量管理基本概念

（一）质量的基本概念

狭义上的质量亦称品质，它是指产品本身所具有的特性，通常表现为产品的美观性、适用性、可靠性、安全性、环境和使用寿命等。广义上的质量则是指产品能够完成其使用价值的性能，即产品能够满足用户和社会的要求。由此可见，广义的产品质量不仅仅是指产品本身的质量特性，而且还包括产品设计的质量、原材料的质量、计量仪器的质量、对用户服务的质量等质量要求，这些质量统称为"综合的质量"，由此构成了全面质量管理的基础。

根据 GB/T 19000—2016《质量管理体系基础和术语》标准的定义，质量是"一组固有特性满足要求的程度"。

从质量的概念中，可以理解：质量的内涵是由一组固有特性组成，并且这些固有特性是以满足顾客及其他相关方所要求的能力加以表征。质量具有经济性、广义性、时效性和相对性。

质量的经济性

由于要求汇集了价值的表现，价廉物美实际上是反映人们的价值取向，物有所值是质量有经济性的表征。虽然顾客和组织关注质量的角度不同，但对经济性的考虑一样。高质量意味着最少的投入，获得最大效益的产品。

质量的广义性

在质量管理体系所涉及的范畴内，组织的相关方对组织的产品、过程或体系都可能提出要求。而产品、过程和体系又都具有固有特性，因此，质量不仅指产品质量，也可指过程和体系的质量。

质量的时效性

由于组织的顾客和其他相关方对组织和产品、过程和体系的需求和期望是不断变化的，例如，原先被顾客认为质量好的产品会因为顾客要求的提高而不再受到顾客的欢迎。因此，组织应不断地调整对质量的要求。

质量的相对性

组织的顾客和其他相关方可能对同一产品的功能提出不同的需求；也可能对同一产品的同一功能提出不同的需求；需求不同，质量要求也就不同，只有满足需求的产品才会被认为是质量好的产品。

质量的优劣是满足要求程度的一种体现。它须在同一等级基础上做比较，不能与等级混淆。等级是指对功能用途相同但质量要求不同的产品、过程或体系所做的分类或分级。

1. 质量特性分析

（1）真正质量特性

真正质量特性是针对其在使用时最重要的性能和功能而言的，它应当以充分满足用户和消费者的使用要求为最终目标。如校服使用者的年龄、使用的季节和使用场合不同，对校服的质量要求存在较大差异。学生群体的个性差异，对校服的质量要求也不完全一样。由此可见，虽然人们对校服的性能和功能是有所侧重的，但这些具体的质量要求却是消费者所要求的产品的真正质量特性。事实上，由于产品的真正质量特性一般难以定量和检验，所以在实际操作中，通常用一些能够反映产品真正质量特性的代用质量特性间接地"表达"产品的真正质量特性。

（2）代用质量特性

要生产品质优良的产品，首先必须知道产品的真正质量特性是什么，用户和消费者用它做什么、有什么要求，这就要求我们对产品的真正质量特性进行剖析，从中找出一些与产品真正质量特性有着密切关系的代用质量特性，间接地表达出产品的真正质量特性，如产品规格和技术条件。对校服而言，其规格和技术条件是可以量化、检测和标准化的，也容易被生产企业、贸易企业和消费者接受。

（3）真正质量特性与代用质量特性的关系

首先，产品的真正质量特性是其代用质量特性的综合体现，而代用质量特性则是产品能够实现其真正质量特性的充分保证，两者并不矛盾，而是辩证的统一。如校服的安全性是社会群体十分关心的问题，而校服面料的印染工艺、选用的染料和助剂、后整理方法中氧化剂、催化剂、阻燃剂和增白荧光剂的添加等因素，均会对校服面料的安全性产生影响。

其次，为了满足产品的真正质量特性要求，在确定设计质量目标时，既不能将代用质量特性定得太低，因为这将给用户和消费者带来一定的困难和危险，也不能将代用质量特性定得太高，因为这会加大生产难度，增加生产成本，过高的产品价格也会令消费者不满意，使产品的使用价值难以实现。

最后，不宜将代用质量特性定得过于复杂或有重复，因为这会给检验增加难度，不必要的重复检验是毫无意义的。

综上所述，我们必须综合考虑用户和消费者的使用要求、消费水平、产品成本、生产难易程度等因素，合理制订切合实际的产品规格和技术要求。

2. 外观与内在质量特性

产品的外观质量特性是指产品的一些能够通过人的感官（如视觉、触觉等）进行检验的特性，如校服外观疵点、表面光洁度、缝制等。而产品内在质量特性则必须通过仪器或器具检测才能得到检验结果，如纤维成分含量、色牢度、缝子接缝强力、顶破强力、甲醛含量、回潮率、经纬纱线密度、断裂强力、单位面积质量等。

3. 影响质量特性的因素

影响产品质量的因素是多方面的，其生产过程或过程中的各项活动的质量就决定了产品的质量。产品的质量特性是在设计、研制、生产制造、销售服务的全过程中实现并得到保证的。就校服的制造加工过程来看，影响质量的因素有原辅材料品质、加工工艺、熟练操作等多方面。

（二）质量管理基本概念

1. 质量管理

质量管理，指确定质量方针、目标和职责，并在质量体系中通过诸如质量策划、质量控制、质量保证和质量改进措施实施全部管理职能的所有活动。

质量管理主要体现在建设一个有效运作的质量体系上，它并不等同于全面质量管理，也不同于质量控制。全面质量管理是指一个组织以质量为中心，以全员参与为基础，目的在于通过让顾客满意和本组织所有成员及社会受益而达到长期成功的管理途径。质量控制不等于质量管理，它是控制产品的各项特定性质，以求其符合设定的规格和技术条件。

2. 质量管理的重要性

市场竞争的核心是质量，质量是第一位的。一些中小学生校服质量问题突出，已成为媒体及国内动态舆论的关注点，也受到了国务院领导、教育主管部门和标准主管部门的高度重视。因此，校服生产企业必须用科学的方法、经济的途径和有效的技术来制造符合特定规格和技术条件的产品，以满足消费需要。为了实现这个目的，在生产过程中必须加强产品质量控制，防止产品质量变异情况发生，维持设定的质量标准，同时要做好质量管理工作，使生产资源发挥最大功效，控制物料和设备的品质，经济地开展检验工作，减少不合格产品，建立产品的市场信誉，以一个完善的质量体系来保证产品的质量。

3. 质量管理方法

从质量检验到质量体系的形成经历了很长的一段时间，在不同的历史阶段，人们对质量管理的认识及采取的管理方法是不同的，其工作重点和工作目的也不完全相同。质量管理的发展，大致经历了三个阶段。

（1）质量检验阶段

质量检验是质量管理的初级形式，它主要是依靠质量检验人员对全部产品进行检验，确定其是否符合规定的质量标准，从中剔除疵品，以保证出厂产品的质量。这种质量管理方法是一种消极、被动的事后检查，不具有事先预防性质。质量检验是在成品中挑出废品，以保证出厂产品质量。但这种事后检验把关，无法在生产过程中起到预防、控制的作用，且百分之百的检验，增加检验费用。在大批量生产的情况下，其弊端就凸显出来。

（2）统计质量管理阶段

这一阶段的特征是数理统计方法与质量管理的结合。产品质量能否达到设定的质量目标要求，在很大程度上取决于制造工程的质量管理，因为产品的质量不是被检验出来的，而是在生产过程中形成的。统计质量控制是在质量管理中运用数理统计方法研究产品制造过程中控制产品质量的各种问题。这种质量管理方法用积极的事先预防替代消极的事后检验，这是一大进步。但是，统计质量控制方法过分强调了数理统计学的作用，忽视了生产者的主观能动性和组织管理的作用。统计质量控制的工作重点在于产品制造工程的质量管理，即对产品形成次品的环节进行管理。

统计质量控制主要用统计控制图，对生产过程中的产品质量加以控制，如图2-1所示。在产品制造过程中，有输入和输出部分，中间是加工过程，质量控制点可设在加工过程和输出之间，应用统计的方法进行检查和控制，检查中需要进行测量、比较，若产品质量符合标准，即为合格品，若产品质量不符合标准，则可以从两个方面寻找原因。

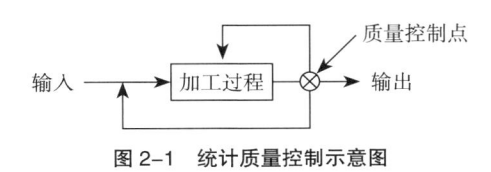

图 2-1 统计质量控制示意图

一是从加工过程中找原因。

二是从输入部分找原因。通过各种分析，采取适宜的控制措施，以保证产品质量。

但是，统计质量管理也存在着缺陷，它过分强调质量控制的统计方法，使人们误认为质量管理就是统计方法，是统计专家的事。在计算机和数理统计软件应用不广泛的情况下，使许多人感到统计质量管理高不可攀、难度大。

（3）全面质量管理阶段

所谓全面质量管理，是以质量为中心，以全员参与为基础，旨在通过顾客和所有相关方受益而达到长期成功的一种管理途径。根据质量体系的原理和原则："质量体系贯穿于产品质量形成的全部过程，包括市场调查、设计、采购、工艺准备、生产制造、检验和试验、包装和贮存、销售和发运、安装和运输、技术服务和维护、用后处理。"在现代化企业中实施全面质量管理，它主要是企业依靠全体职工和有关部门的同心协力，综合运用管理技术、专业技术和科学方法，经济地开发、研制、生产和销售用户满意的产品的管理活动，全面质量管理包含着三层含义：

一是质量管理的动力，即依靠企业全体职工和有关部门的同心协力。

二是质量管理的手段，即综合运用管理技术、专业技术和科学方法。

三是质量管理的目的，即经济地开发、研制、生产和销售用户满意的产品。

全面质量管理是一种现代管理的理论和方法，是一种科学的管理途径，其管理范围并不局限于产品本身，而是涉及产品质量形成的各方面因素，对产品的设计、研制、生产准备、原料采购、生产制造、销售、使用服务等各种影响产品质量的因素加以控制。全面质量管理的特点突出表现为一个"全"字，即参加人员全，管理手段全，管理对象全，管理范围全。全面质量管理的基本观点就是：一切为用户，一切以预防为主，一切用数据说话，一切按PDCA循环（PDCA是英语Plan、Do、Check和Action的开头字母缩写，即计划、实施、检查和处理）。全面质量管理与统计质量管理、质量检验的对比见表2-1。

表 2-1　全面质量管理、统计质量管理和质量检验的对比

内容	全面质量管理	统计质量控制	质量检验
管理对象	既管产品质量又管工作质量	扩展到工序质量	产品质量
管理重点	以用户需要为方向，重点在产品适应性	按规定标准控制质量	规格符合性检查
工作范围	从市场—现场—市场的观点出发，生产经营性管理	加工现场与设计过程	加工现场
管理特点	防检结合，以防为主，全面预防	把关与部分预防相结合	事后把关
参加人员	全员性管理	技术与管理部门	检验人员
管理方法	运用多种多样的管理方法、手段，全面控制质量	统计方法	技术检验法
标准化程度	严格标准化	限于控制部分	差
质量的经济性	讲究	较满意	忽视

4. 质量管理标准化

当今世界，产品的国际竞争日益激烈，许多国家或地区都将质量作为立国之本，相应提出了各自的质量战略，质量管理工作已经步入了标准化阶段，并在实践中不断完善和提高，其主流就是应用 ISO 9000 系列及其补充性和支持性的国际标准，开展质量管理和质量保证工作。

（1）标准化是进行质量管理的依据和基础

质量管理的基本内容就是在生产企业中用一系列标准来控制和指导产品的设计、生产和使用全过程，这与全面质量管理是一致的。首先，产品标准中关于产品质量方面的各项指标是质量管理目标的具体化和定量化；其次，企业的管理标准、工作准则是实现质量管理目标的必要保证；最后，企业的质量检验和检测方面的各项方法标准是评价产品质量的准则和依据。质量管理与标准化在工业企业中形成了一个完整的体系。

（2）标准化活动贯穿于质量管理的始终

生产的全过程应当包括设计试制、生产和使用三个阶段，质量管理也是全过程的管理，产品质量的形成过程也就是标准的制定、实施、验证和修订的过程，标准化活动贯穿于质量管理的始终。在产品的设计试制阶段，既要完成标准的起草准备工作，又要做好标准的审查工作，并制定出各项标准，它是质量管理的起点（起草和完成标准制定的过程）。在产品的生产阶段，质量管理也就是实施标准和验证标准的过程，生产中必须保证按标准采购原料、

提供设备和工具、加工和装配、包装、储运，建立一个能够保证产品质量的生产系统，对影响产品质量的各项因素按标准要求加以控制。在产品的使用阶段，质量管理也就是销售服务质量保证阶段，它主要通过企业出厂产品的使用效果和市场要求的调查，与国内外同类产品进行比较，及时反馈质量信息，为修订、完善标准及改进设计、提高产品质量提供依据。

（3）标准与质量在循环中相互推动，共同提高

按照全面质量管理的工作方式，标准贯穿于全面质量管理的全过程，标准在循环中不断得到改善（图2-2）。全面质量管理按计划、实施、检查和处理四个阶段循环进行，其每一个阶段都离不开标准，在PDCA循环的不断转动过程中，产品和工作质量的不断提高都与标准的不断完善有关，标准的完善也就使得产品质量能够随时间推移而更加符合用户要求，工作质量更加适应客观需要。由此可见，标准处于动态变化是绝对的，它只能在一定时间内保持其相对稳定性。在标准循环的每个阶段，又有小的标准循环，即有"大圈套小圈"的特点。为了保证循环的转动，还必须制定相应的标准，并加以实施、检查和修订，小的标准循环是使大的标准循环得以正常进行的推动力，全面质量管理的实质就是通过标准的不断完善来达到提高质量的目的。

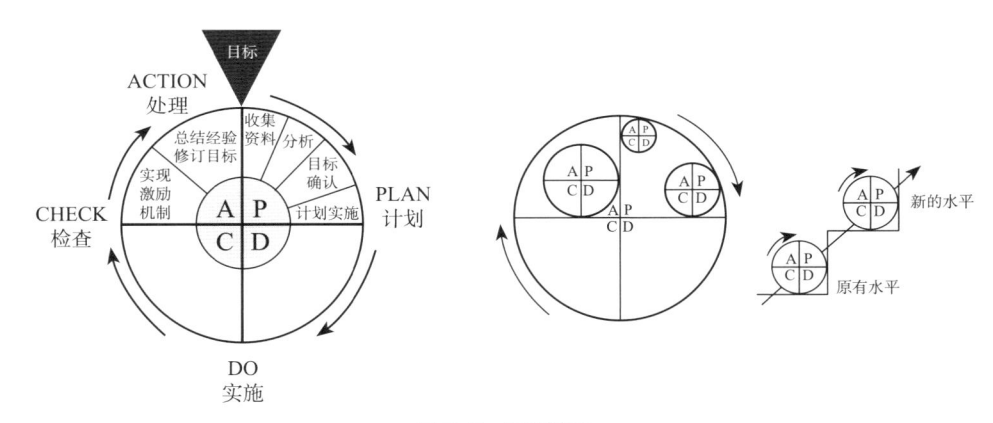

图2-2 标准循环

二、质量的法律法规、质量监督和质量标准化

（一）质量的法律法规

产品质量法律法规是调整产品的生产者、储运者、经销者、消费者以及政府有关行政主管部门之间，关于产品质量的权利、义务、责任关系的法律规范的总称。这些法律规范包含国家关于产品质量方面的一系列法律、行政法规、部门规章以及地方性法规。这些法规群体，构成了我国产品质量方面

的法规体系，并且规范了产品质量监督管理和产品质量责任制度。如产品质量认证制度、企业质量体系认证制度、工业产品生产许可证制度、产品质量监督检查制度、产品质量民事赔偿制度、产品"三包"制度等，实现了国家对产品质量的法制管理。我国涉及产品的法律法规主要包括4个方面。

1. 产品质量的基本法

即《产品质量法》，共分6章74条，包括四个方面的内容，即对产品质量的监督、生产者以及销售者的产品质量责任和义务、损害赔偿和罚则。该法于1993年9月实施后，2004年又进行了修订。它是我国第一部产品质量法。

2. 产品质量涉及的专门法律

如《中华人民共和国标准化法》《中华人民共和国计量法》《中华人民共和国质量认证管理条例》《中华人民共和国进出口商品检验法》等。

3. 有关产品质量的综合性法律

如《中华人民共和国民法通则》《中华人民共和国经济合同法》《中华人民共和国消费者权益保护法》《中华人民共和国广告法》《中华人民共和国商标法》《中华人民共和国反不正当竞争法》《工业产品质量责任》等。

4. 有关强制性产品标准的法规

如校服产品涉及的强制性国家标准GB 18401—2010《国家纺织品基本安全技术规范》等。

（二）质量监督

在市场竞争的环境下，特别是在不完全的市场经济条件下，作为买卖双方争议和行为的评判的质量监督随之产生和发展起来。在整个20世纪，许多发达国家基本经历了产生、发展并逐步完善质量监督的过程。

1. 质量监督的概念

质量监督是对社会生产、流通和消费各过程的产品、服务质量的监督和督导。质量监督的功能：为确保满足规定要求，对实体的状况进行连续的监督和验证，并对记录进行分析。

2. 质量监督的内容

主要包括以下四个方面内容：

① 进行定期和不定期的产品质量抽查，监督产品标准的贯彻执行情况。

② 处理产品质量申诉，进行产品质量仲裁检验、产品质量鉴定。

③ 打击生产、销售假冒伪劣产品的违法行为；对产品质量认证工作进行监督管理，对获得认证的产品质量及产品认证标志的使用过程进行监督检查。

④ 参与对免检产品、名牌产品的审定，当获得免检产品名牌产品称号和标志的产品发生质量问题时，进行产品监督检查。

3. 产品质量监督的依据

对产品质量的监督检查的依据主要有以下四个方面：

① 应以产品所执行的标准为判断依据。未制订标准的，以国家有关规定或要求为判断依据。对可能危及人体健康和人身、财产安全的工业产品，必须符合强制性的国家标准、行业标准，未制定强制性国家标准、行业标准的，必须符合保障人体健康，人身、财产安全和卫生指标的要求。

② 产品必须具备应当有的使用性能，但对产品存在的使用性能瑕疵作出说明的除外。监督检查时，要把假冒伪劣产品和只有一般质量问题的产品（仍有一定使用价值的处理品、疵品）严格区分开来，做到处理适当，避免随意性。这是法定的默示担保条件。

③ 在无标准、无有关规定或要求的情况下，以产品说明书、质量保证书、实物样品、产品标识表明的质量指标和质量状况作为监督检查时判断的依据，这是法定的明示担保条件，是生产者、销售者对产品质量做出的保证和承诺。

④ 监督检查优质产品时，判断产品质量的依据是获奖时所采用的标准或技术规范。

（三）产品质量的责任

1. 产品质量责任的概念

产品质量责任是指生产者、销售者及其他相关主体违反国家有关产品质量法律法规的规定，不履行或不完全履行法定的产品质量义务，对其作为或不作为的行为应当依法承担的法律后果。我国的《产品质量法》是质量行政管理和产品质量责任合一的法律，其规定的产品质量责任是一种综合责任，包括依法承担的民事责任、行政责任和刑事责任。

2. 生产者的产品质量责任

为了保障用户、消费者的合法权益，我国《产品质量法》对生产者规定了明确的产品质量责任和义务。主要有以下几个方面：

（1）产品质量本身

生产者应当对其生产的产品质量负责，生产的产品应当符合三项要求，即产品无缺陷、具有适应性和符合性。产品的适应性指产品应当具备的使用性能能满足预期的使用目的；产品的符合性则指产品质量符合在产品或其包装上注明采用的产品标准，符合以产品说明、实物样品等方式表明的质量状况。产品符合以上要求的,即为《产品质量法》规定的合格产品,否则即为不合格产品。

(2)产品或其包装上的标识

产品或其包装上的标识应当符合以下要求:

① 有产品质量检验合格证明;

② 有中文标明的产品名称、生产厂名和厂址;

③ 根据产品的特点和使用要求,需要标明产品的规格、等级、所含主要成分的名称和含量的,相应予以标明;

④ 限期使用的产品,标明生产日期和安全使用期或者失效期;

⑤ 若使用不当容易造成产品本身损害或者可能危及人身、财产安全的产品,有警示标志或者中文警示说明。

(3)对假冒伪劣产品

为了从源头杜绝假冒伪劣产品,我国的《产品质量法》规定了生产者的禁止行为,包括:

① 不得生产国家明令淘汰的产品;

② 不得伪造产地,不得伪造或冒用他人的厂名厂址;

③ 不得伪造或冒用认证标志、名优标志等质量标准;

④ 不得掺杂、掺假,不得以假充真,以次充好,不得以不合格产品冒充合格产品。

3. 销售者的产品质量责任

销售者的产品质量责任和义务包括以下几个方面:

(1)关于进货检验

我国《产品质量法》规定,"销售者应当执行进货检查验收制度,验明产品合格证明和其他标识"。产品进货检验主要是检验产品自身是否符合默示担保条件和明示担保条件,即是否是合格产品。同时,也应检验产品和其包装上的标识是否符合规定要求。

(2)关于产品质量的保持

销售者对于进货检验时确认合格的产品,有义务采取各种必要措施,保持产品原有质量,以防损坏、变质。

(3)关于销售产品的标识

销售者对所销售的产品,应当具备与生产者所规定的产品或其包装上的标识完全一致的标识要求。

(4)关于假冒伪劣产品

我国的《产品质量法》对销售者也规定了有关假冒伪劣产品的禁止行为,

包括：

① 不得伪造产地，不得伪造或冒用他人的厂名厂址；

② 不得伪造或冒用认证标志、名优标志等质量标识；

③ 不得掺杂、掺假，不得以假充真，以次充好，不得以不合格产品冒充合格产品。

（四）质量的标准化

1. 标准与标准化的概念

标准是指"对重复事物和概念所做的统一规定。它以科学、技术和实践经验的总和成果为基础，经有关方面协商一致，由主管机构批准，以特定形式发布的一种规范性文件，作为共同遵守的准则和依据"。标准是企业各项生产活动和管理活动的重要依据，也是衡量产品质量和工作质量的重要尺度，是保证和提高产品质量的重要手段，没有标准就没有质量，产品标准决定了产品质量。

标准化是指"在经济、技术、科学及管理等社会实践中，对重复性事物和概念通过制定、发布和实施标准，达到统一，以获得最佳秩序和社会效益"。标准化是为了在一定范围内获得最佳秩序，对现实问题或潜在问题制定共同使用和重复使用的条款的活动。标准化工程由三个关联的环节组成，即制定、发布和实施标准。《中华人民共和国标准化法》的条文中第三条规定："标准化工作的任务是制定标准、组织实施标准和对标准的实施监督。"这是对标准化定义内涵的全面清晰的概括。

2. 标准的执行方式

标准的实施就是要将标准所规定的各项要求，通过一系列措施，贯彻到生产实践中去，这也是标准化活动的一项中心任务。《标准化法》规定：国家标准、行业标准分为强制性标准和推荐性标准。由于标准的对象和内容不同，标准的实施对于生产、管理、贸易等产生的影响和作用会造成较大差别。

强制性标准是国家在保障人体健康、人身财产安全、环境保护等方面对全国或一定区域内统一技术要求而制定的标准。国家制定强制性标准的目的是为了起到控制和保障的作用，强制性标准必须执行，不允许擅自更改或降低强制性标准所规定的各项要求，对于违反强制性标准规定的，有关部门将依法予以处理。

除强制性标准之外，其他标准属于"推荐性标准"。计划体制下单一的强制性标准体系并不能适应目前市场机制形成和发展的需要，因为市场的需求是广大消费者需求的综合，这种需求是多样化、多层次的，并在不断发展和变化之中。过于单一的强制性标准不能适应市场变化的多样性，不利于企业开发新产品。设立推荐性标准可使生产企业在标准的选择、采用上拥有较大的自主权，为企业适应市场需求、开发产品拓展了广阔的空间。

推荐性标准的实施，从形式上看是由有关各方自愿采用的标准，国家一般也不作强制执行要求，但作为全国和全行业范围内共同遵守的准则，国家标准和行业标准一般都等同或等效采用了国际标准，从标准的先进性、科学性看，它们都吸收了国际上标准化研究的最新成果。因此，积极采用推荐性标准，有利于提高产品质量，有利于提高产品的国内外市场竞争能力。我国主要采用以下几种方式鼓励有关方面执行推荐性标准：

① 制定行政法规，将推荐性标准纳入指令性文件中。推荐性标准一旦被纳入指令性文件中，推荐性标准就成为必须要执行的标准。例如，当某一时期、某一产品的市场比较混乱时，政府有关部门就可以采取行政干预措施，由主管部门制定指令性文件，在其管辖范围内贯彻执行。

② 国家制定相关政策，鼓励采用推荐性国家标准或行业标准。如产品质量认证、新产品认定、质量体系认证等，都必须采用推荐性国家标准或行业标准。我国规定：凡是贯彻执行国家标准、行业标准的产品，均可以申请产品质量认证，合格者发给产品质量认证证书，并允许产品使用合格标志。因此，企业通过执行标准，提高了产品质量，获得了较高的商业信誉和社会知名度。

③ 通过合同贯彻执行推荐性标准。买卖双方可以在合同中引入推荐性标准，由于合同受法律约束，推荐性标准的执行是买卖双方事先约定并在合同中明确做出规定的，它具有法律约束力。

3. 标准的制定与修订

制定或修订技术标准的一般程序为：标准化计划项目下达—组织起草工作组—调查研究—起草征求意见稿—征求意见—提出送审稿—审查—提出报批稿—审批发布—形成（正式）标准，见图2-3。

标准化计划项目下达 → 组织起草工作组 → 调查研究 → 起草征求意见稿 → 征求意见 → 提出送审稿 → 审查 → 提出报批稿 → 审批发布 → 形成正式标准

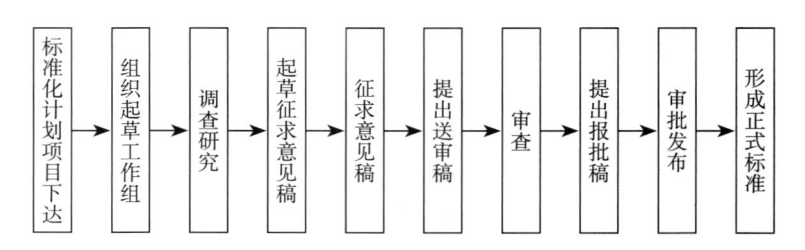

图2-3 制定或修订技术标准的一般程序

我国制定技术标准的组织形式包括全国专业标准化技术委员会和全国专业标准化技术归口单位（包括归口组织）。全国专业标准化技术委员会是在一定专业领域内，从事全国性标准化工作的技术工作组织，负责本专业技术领域的标准化技术归口工作，其主要任务是组织本专业国家标准、行业标准的起草，技术审查，宣讲，咨询等技术服务工作。全国专业标准化技术归口单位是按照全面规划、分工负责的原则，由国务院标准化行政主管部门，会同有关部门按专业在有关的科研、设计、生产等单位指定的负责本专业全国性标准化技术归口工作的组织。我国制定技术标准的原则是：

① 认真贯彻国家有关政策和法令法规，标准的有关规定不得违背国家有关政策和法令法规。

② 积极采用国际标准、国外先进标准，这是促进对外开放、实现与国际接轨的一项重大技术措施。

③ 必须充分考虑我国的资源状况，合理利用国家资源。

④ 充分考虑用户使用要求，包括技术事项适用的环境条件和有利于保障安全、保障身体健康、保护消费者利益、保护环境等方面的内容。

⑤ 正确实行产品的简化、优选和通用互换，其技术应保持先进性、经济合理性，并注意与有关标准的协调配套，内容编排合理。

⑥ 充分调动各方面的积极性，广泛听取生产、使用、质量监督、科研设计、高等院校等方面专家的意见，发扬技术民主。

⑦ 必须适时，过早或过迟制定技术标准都不利于标准的贯彻执行。

⑧ 根据科学技术发展和经济建设的需要，适时进行复审，以确定现行技术标准继续有效或予以修订、废止，技术标准复审时间为3～5年。

4. 标准在检验中的重要作用

标准是企业组织生产、质量管理、贸易（交货）和技术交流的重要依据，同时也是实施产品质量仲裁、质量监督检查的依据。如对于纺织品技术规格、性能要求的具体内容和达到的质量水平，以及对这些技术规格和性能的检验、测试方法都是根据有关标准确定的，或是由贸易双方按协议规定的。标准作为检验的依据，应具有合理性和科学性，是贸易双方都可以接受的。首先，产品标准是对产品的品种、规格、品质、等级、运输和包装以及安全性、卫生性等技术要求的统一规定。其次，方法标准是对各项技术要求的检验方法、验收规则的统一规定，准确运用标准可以对产品的质量属性做出全面、客观、公正、科学的判定。

5. 标准的表现形式

标准的表现形式有两种：一种是仅以文字形式表达的标准，即标准文件；

另一种是以实物标准为主，并附有文字说明的标准，即标准样品（标样）。标准样品是由指定机构，按一定技术要求制作的实物样品或样照，它同样是重要的纺织品质量检验依据，可供检验外观、规格等对照、判别之用。例如棉花分级标样、羊毛标样、蓝色羊毛标样、起毛起球评级样照、色牢度评定用变色和沾色灰卡等都是评定纺织品质量的客观标准，是重要的检验依据。

6. 标准的种类

（1）基础性技术标准

基础性技术标准是对一定范围内的标准化对象的共性因素，如概念、数系、通则所做的统一规定。基础性技术标准在一定范围内作为制定其他技术标准的依据和基础，具有普遍的指导意义。纺织基础标准的范围包括各类纺织品及纺织制品的有关名词术语、图形、符号、代号及通用性法则等内容。例如 GB/T 3291.1—1997《纺织材料性能和试验术语》、GB/T 8685—2008《纺织品和服装使用说明的图形符号》、GB 9994—2018《纺织材料公定回潮率》等。目前在我国纺织标准中，基础性技术标准的数量还比较少，多数为产品标准和检测、试验方法标准。

（2）产品标准

产品标准是对产品的结构、规格、性能、质量和检验方所做的技术规定。产品标准是产品生产、检验、验收、使用、维修和洽谈贸易的技术依据，为了保证产品的适用性，必须对产品要达到的某些或全部要求做出技术性的规定。如我国纺织产品标准主要涉及纺织产品的品种、规格、技术性能、试验方法、检验规则、包装、贮藏、运输等各项技术限定。

（3）方法标准

检测和试验方法标准是对产品性能、质量的控制和试验方法所做的规定。其内容包括检测和试验的类别、原理、取样、操作、精度要求等方面的规定，以及对使用的仪器、设备、条件、方法、步骤、数据分析、结果计算、评定、合格标准、复验规则等的规定。例如 GB/T 2910.1—2009《纺织品定量化学分析》。检测和试验方法标准可以专门单列为一项标准，也可以包含在产品标准中，作为技术内容的一部分。

（4）管理标准

这类标准是为了保证企业各项经营管理业务活动的正常化和规范化以及确保产品质量而制订的各种基本规定和各项业务准则，如工作程序、生产流程、操作规程、职责条例、考核标准等，管理标准是衡量工作质量的主要依据。国际标准化组织制定的 ISO 9000《质量管理体系》标准、ISO 14000 环境质量标准等，正是由于反映了管理标准而在全世界得到广泛推广应用。

企业在标准的实施过程中，要严格执行，加强检查，通过各种反馈信息总结经验和教训，为标准的修订积累资料，为质量管理工作的 PDCA 循环提供条件。

7. 标准的级别

按照标准制定、发布机构的级别以及标准适用的范围，标准可分为国际标准、区域标准、国家标准、行业标准、地方标准和企业标准等不同级别。中华人民共和国《标准化法》规定：我国标准分为国家标准、行业标准、地方标准和企业标准四级。

（1）国际标准

国际标准是由众多具有共同利益的独立主权国参加组成的世界性标准化组织，通过有组织的合作和协商而制定、发布的标准。国际标准包括：国际标准化组织（ISO）和国际电工委员会（IEC）制定发布的标准，以及国际标准化组织为促进关税及贸易总协定（GATT）《关于贸易中技术壁垒的协定草案》，即标准守则的贯彻实施所出版的国际标准题内关键词索引（KWIC Index）中收录的 27 个国际组织制定、发布的标准。

（2）区域标准

区域标准泛指世界某一区域标准化团体所通过的标准。历史上，一些国家出于其独特的地理位置，或是民族、政治、经济等因素而联系在一起，形成国家集团，组成了区域标准化组织，以协调国家集团内的标准化工作。如欧洲标准化委员会（CEN）、欧洲电工标准化委员会（CENEL）、太平洋区域标准大会（PASC）、泛美标准化委员会（COPANT）、经互会标准化常设委员会（CMEA）、亚洲标准化咨询委员会（ASAC）、非洲标准化组织（ARSO）等，区域标准的一部分也被收录为国际标准。

（3）国家标准

国家标准是由合法的国家标准化组织，经过法定程序制定、发布的标准，在该国范围内适用。就世界范围来看，英国、法国、德国、日本、美国等国家的工业化发展较早，标准化历史较长，这些国家的标准化组织，如英国 BS、法国 NF、德国 DIN、日本 JIS、美国 ANSI 等制定发布的标准比较先进。我国的标准化活动历史较短，但中华人民共和国成立七十多年来，尤其是改革开放以来，我国的标准化工作取得了巨大成就，建立了一个较为完善的标准化组织系统。我国《标准化法》规定："对需要在全国范围内统一的技术要求，应当制定国家标准。"关于纺织工业技术的国家标准主要包括以下内容：

① 在国民经济中有重大技术经济意义的纺织原料、纺织品标准。

② 有关纺织品及纺织制品的综合性、通用性基础标准和检测、试验方法

标准。

③ 涉及人民生活的、面广量大的纺织工业产品标准，特别是一些必要的出口产品标准。

④ 有关安全性、卫生性、劳动保护和环境等方面的标准。

⑤ 被我国等效采用的国际标准等。

（4）行业标准

行业标准是指全国性的各行业范围内统一的标准，它由行业标准化组织制定、发布。如全国纺织品标准化技术委员会技术归口单位是纺织工业标准化研究所，设立基础、丝绸、毛纺、针织、家用纺织品、纺织机械与附件、服装、纤维制品、染料等分技术委员会或专业技术委员会，负责制定或修订全国纺织工业各专业范围内统一执行的标准。

行业标准是必须在全国纺织行业内统一执行的标准，对那些需要制定国家标准，但条件尚不具备的，可以先制定行业标准进行过渡，条件成熟之后再升格为国家标准。

（5）地方标准

地方标准是由地方标准化组织制定、发布的标准。它在该地方范围内适用。我国地方标准是指在某个省、自治区、直辖市范围内需要统一的标准，制定地方标准的对象应具备三个条件：

① 没有相应的国家或行业标准。

② 需要在省、自治区、直辖市范围内统一的事或物。

③ 工业产品的安全卫生要求。

（6）企业标准

企业标准是指企业制定的产品标准和为企业内需要协调统一的技术要求和管理工作要求所制定的标准。由企业自行制定、审批和发布的标准在企业内适用，它是企业组织生产经营活动的依据。企业标准的主要特点是：

① 企业标准由企业自行制定、审批和发布。产品标准必须报当地政府标准化主管部门和有关行政主管部门备案。

② 对于已有国家标准或行业标准的产品，企业制定的标准要严于有关的国家标准或行业标准。

③ 对于没有国家标准或行业标准的产品，企业应当制定标准，作为组织生产的依据。

④ 企业标准在本企业内部适用，由于企业标准具有一定的专有性和保密性，故不宜公开。企业标准不能直接作为合法的交货依据，只有在供需双方经过磋商并订入买卖合同时，企业标准才可以作为交货依据。

8. 中小学校服标准的内容

中小学生校服标准的主体由以下几个部分组成：

① 标准名称。标准名称简明，能准确地反映标准核心内容并与其他标准相区别。

② 适用范围。规定本标准适用或不适用的领域。若校服产品款式色彩相同，规格一样，但材料不同，则其有关规定均应相应调整，有的差别还很大，因此应说明适用范围。

③ 规范性引用文件。规范性引用文件是必不可少的，且凡是注日期的引用文件，仅注日期的版本适用于本文件。凡是不注日期的引用文件，其最新版本（包括所有的修改单）适用于本文件。

④ 术语和定义。技术标准中采用的名词、术语尚无统一规定时，应在该标准中做出定义和说明。

⑤ 安全要求与内在质量。校服产品技术要求是为满足使用要求而必须具备的技术决策指标和外观质量要求。

⑥ 试验方法。试验方法主要给出测定特性值或检查是否符合规定要求以及保证所测定结果再现性的各种程序细则或检测方法标准要求。

⑦ 检验规则。包括抽样检验结果判定等。

⑧ 包装、储运、标志要求。对包装、储运、标志提出要求。

⑨ 附录和参考文献。

对一般标准而言，标准的主要组成及编制顺序如表2-2所示。

表2-2 标准的组成

组成部分		要素
概述部分		封面和首页
		目录
		前言
		引言
主体部分	一般部分	技术标准的名称
		技术标准的范围
		引用标准
	技术部分	定义
		符号和缩略语
		要求

续表

组成部分		要素
主体部分	技术部分	抽样
		试验方法
		分类与命名
		标志、包装、运输、储存
		标准的附录
补充部分		提示的附录
		脚注
		正文中的注释、表注和图注

三、校服质量管理的特点和意义

校服在各地的管理模式不同，如广东深圳的采购方式是市场准入制，政府评选若干款式，委托相关机构公开校服项目招评标，评选合格厂家即准许产品进入深圳定点商场，厂家彼此就产品质量和价格互相竞争，学校指定某一款式，学生则从不同厂家产品中自由挑选自己能接受的价格。广东的顺德更是首开先河，对中小学学生装不再实行集中招标采购，而是改为市场化运营方式，经投票后将确定不超过 8 套的学生装作为顺德新学生装的统一样式。由于校服市场化竞争明显，因而本节在分析校服在制造企业中的品质管理及其特点的同时，也按市场化的规律分析了校服在服务业中的品质管理及其特点以及校服企业进行品质管理的意义。

（一）制造企业中的质量管理及其特点

校服企业虽有其自身的特点，但也与其他行业一样，要想拥有市场，就要遵循质量管理的基本规律，重视质量管理工作，广泛开展全面质量管理。随着市场经济的日益繁荣和人们生活水平的日益提高，我国的校服产品质量正在逐步提高，部分有实力的校服生产企业在生产管理上正向科学化、规范化方向迈进，尤其是目前我国纺织服装行业正处于转型时期，开展全面质量管理工作对争创优质品牌具有极大的推动作用。

1. *产品质量的形成过程*

校服生产过程大致由设计、生产准备、裁剪、缝制、熨烫定型、成品品质控制、成衣后整理、生产技术文件的制订、生产流水线设计、生产控制等十个环节构成。

校服产品的质量与其他行业产品一样，也有一个从产生、形成到实现的过程，上述过程的每一个环节都直接或间接地影响产品的质量，在整个产品的寿命周期中，应实施全过程的质量控制。根据产品质量形成的过程，将生产系统中关键的环节逐个分解，研究质量在每一个环节中的关注焦点，可有效地提供进行质量管理的各种信息。

① 市场调研。校服是特殊群体穿着的服装，生产前应收集和分析采购者、使用者（学生、家长）的需求与期望，及时了解他们期望的产品以及价格。

② 设计与开发。这一环节的主要职能是为设计款式和生产过程开发技术规格与参数，以满足需要。如果校服设计和开发与采购者、使用者的实际需求有所偏离，那么即使生产过程完全能满足技术上的符合性要求，但对采购者、使用者来说，过于简陋或过于奢华精致的校服因达不到或超出了要求，都是不能让他们满意的。由于设计环节中出现的问题导致企业失败的案例屡见不鲜，由此说明设计环节在生产中的重要性。良好的设计环节将有助于预防制造环节中的缺陷，降低生产系统对不产生附加值的检验环节的需求。

③ 面辅料采购和验收。采购品质合格的面辅料以及保证及时交付，对生产企业来说是相当关键的。采购部门要承担相当重要的质量职责，选择可靠的供应商，确保采购合同符合确定的面辅料质量要求。

2. 制造业的质量管理特性

校服生产是一种技术和艺术结合的半手工生产形式，产品批量大、时尚性强、生产周期短，在品质管理方面呈现出以下特性。

① 品质管理的波动性。由于校服产品是以手工操作为主的流水作业，手工操作多，故生产波动性大，品质管理难以控制，常处于波动状态。

② 生产工人的可塑性。虽然近二十年来我国服装业发展较快，但其总体管理水平仍较低，难以适应新形势的需要。因此，有待于努力提高全行业职工队伍的品质意识，提高从业人员的整体素质。

随着国际经济一体化进程的加快，国内外市场竞争日益激烈，国际对服装工业也加快了调整、改造的步伐。新型服装市场体系要求以科学技术为先导，以科学管理为基本，进一步推动全行业的技术进步，提高行业的总体水平。我国服装工业正处在结构调整、产业升级的第二次创业转型时期，要不断提高产品质量，加强科学管理，不断开发新产品，最大限度地提高生产效益。

（二）服务业中的质量管理及其特点

校服生产企业的质量管理经过长期的研究、实践和监督，通过控制生产流程和标准化作业，已经形成了较为成熟的控制体系。随着经济水平的提高，学生消费群体对校服服务要求越来越高。迫于竞争和生存的需要，校服生产、销售企业要适应不断变化的市场环境和学生群体的消费需求，就必须不断提高服务水平，把服务质量的管理作为企业经营的核心和重点。但由于服务和服务质量的一些特殊性，服务质量的控制相对生产企业要困难得多。

1. 服务和服务质量的特征

（1）服务的特征

服务的定义是："在供方和顾客接触面上需要完成的至少一项活动的结果，并且通常是无形的。"根据该定义，服务的特征如下：

① 无形性。服务和组成服务的要素中，很多具有无形的性质。不仅服务本身是无形的，有时消费者获得的利益也可能很难觉察到或仅能进行抽象表达。

② 生产与消费的不可分离性。如在校服生产中，从设计、开发到加工、运输和销售，产品的生产和销售之间存在着明显的中间环节。而在售后服务，服务的生产和消费是同时进行的。服务人员直接与顾客相接触，在服务人员提供服务给学生群体的同时，也是学生群体消费服务的过程。

③ 售后服务也是一系列的活动或过程。一般来说，服务不是有形的产品，学生或家长在消费、购买校服产品时，尽管最终的满意是重要的，但中间的一系列过程或活动，如销售人员的产品介绍、产品试穿、收款等同样是重要的。

④ 差异性。销售是以人为主体的行业，包括服务决策者、服务人员和消费者。一方面，由于销售者自身因素的影响，使同一服务人员在销售时可能产生不同的服务水平，提供同一服务的服务质量也有一定差别；另一方面，由于学生是一类特殊的消费群体，其自身对个性差异的追求，也会对校服的款式提出不同的需求，进而影响服务的质量和效果。

⑤ 不可存储性。由于服务的无形性以及服务的生产和消费的同时性，服务不具备有形产品那样的存储性。

（2）服务质量的特征

服务业和生产制造业中的质量相比较，服务质量最重要的特性是：

① 时间。指服务提供的时间长短。

② 时效性。指需要时能否迅速提供服务。

③ 完整性。指订单中的所有项目是否都包含在服务过程中。

④ 礼节性。指服务人员对顾客的服务态度。

⑤ 一致性。指每次向不同顾客提供同等的服务情况。

⑥ 可达与便利程度。指服务易于获得的情况。

⑦ 准确性。指服务提供的准确性。

⑧ 响应性。指服务人员对出现的问题快速反应并迅速解决的能力。

2. 服务业质量管理的特点

① 顾客的需求与服务标准难于界定和测量。由于在服务业中，服务产品的合格标准是由顾客决定的，而每个顾客的标准又是各不相同的。很明显，不同的顾客在服务属性上的感知程度是不可能完全一致的，这就造成了对服务产品的合格与否进行度量的困难。

② 个性化的服务。生产制造业除了顾客专门的定制要求外，其制造产品一般来说都是完全相同的。而顾客对服务产品的定制化要求明显高得多。对待不同的顾客，必须采取不同的服务方式，提供个性化的服务产品。用统一的技术参数来衡量这些服务是不恰当的。

③ 无形的服务产品。制造企业制造的产品可以依据设计参数来进行评估，而服务产品由于是无形的，其评估只能依据过去的经验和顾客需求来进行。消费者对购买的制造产品是"看得见摸得着"，而服务产品留给顾客的可能只是一段回忆。

④ 质量事前控制的重要性。生产制造的产品在交付顾客之前可以进行质量检验与控制，防止不合格品流入消费者手中。而服务行业的产品是生产与消费同时进行的，一旦服务质量出现问题，对顾客造成的损害是无法挽回的。因此，对服务产品的质量控制，更应集中于事前的控制，应加强对服务人员的培训和服务设施的改进等。

⑤ 人际交往的重要性。服务行业明显是劳动力密集型的，人际交往关系极大地影响着服务产品质量。顾客与服务人员之间互动的关系决定着交易的走向。服务人员的行为与魅力是服务质量的关键。

⑥ 出错概率更大。由于消费者个体的差异和需求的不同，许多服务组织每天必须处理数目庞大的、需求不同的顾客事项，因此，与生产制造业每天程序化的生产方式相比，服务企业出现问题的风险更大。

尽管服务业产品与制造业有明显不同的质量特性，但在生产制造业应用的品质管理的很多理论同样适用于服务业。服务业同样要重视自己的服务质量。服务产品同制造产品一样，也必须"符合与超过消费者的需求"，也要进行消费者需求的调查研究，也需要将顾客期望转化为服务产品的标准。

3. 服务业品质的关键因素

通过以上对生产制造业与服务业品质管理的特点比较，可以发现，两个要素对于服务产品的质量起着关键作用，即员工和信息技术，对服务业来说，它们有着更为特殊的意义。

① 员工。维持制造生产企业与服务企业继续生存的都是顾客。服务业中

顾客与员工有着大量的直接接触。服务人员与顾客良好的交往，是服务业留住顾客的重要条件。要想获得高质量的服务员工，管理者需要对服务人员进行恰当的激励，有效地识别顾客满意度与服务人员努力之间的关系并适当分权，使他们有更多的职权和更大的责任感为顾客服务。培训也是重要的，必须使服务人员有足够的能力和技巧来与顾客进行有效沟通，处理好顾客事务。

② 信息技术。包括数据的收集、计算、处理及其他将数据转化为有效信息的手段。服务速度是顾客服务水平感知的另一个重要来源。当快捷的信息处理技术可以为顾客提供更快和更准确的服务时，信息技术就成为服务企业获得竞争优势的一种手段。这些技术的应用也可降低服务出错的概率。

4. 制造生产质量与服务质量的融合

顾客满意度、保持度和忠诚度都与产品和服务的质量紧密相关，质量成为制造业、服务业成功的决定性因素。全球竞争和服务经济的不断增长以及制造业与服务业的融合，使服务业、制造业越来越关注服务质量，特别是顾客服务质量。

（三）企业进行质量管理的意义

生产、销售企业要想在市场竞争中获胜，必须加强企业内部质量管理，实施品质控制，这是企业生产管理活动中最重要的一环。

① 可使企业生产资源发挥最大效用。实施质量管理可以按标准规范加工程序和操作方法，能经济地利用设备，使人力、物力发挥最大效用。

② 可有效控制校服面料、辅料和配件的质量。生产所需的面料、辅料、配件等材料的采购都要有一定的质量标准，以便减少浪费，保证产品质量。

③ 可节省检验费，降低成本。使用标准的面料、辅料等原材料并在质量标准控制下加工成衣，可以节省检验费用，从而降低成衣生产的间接成本。

④ 可减少不合格品。质量管理最直接的结果是降低次品率。生产中出现一个次品或废品需耗费掉与正品一样的材料、技术、人力等资源。次品、废品与正品的混淆不仅给顾客造成损失，而且使企业的信誉降低。因此，提高产品的合格率，就等于降低了生产成本，使生产经济化。

⑤ 可防止和控制品质变异。严格的质量管理可以预防成品的质量变异，即使不能完全避免，也可以及早发现而采取适当的纠正措施，将产品质量的变异控制在最低限度。

⑥ 可提高产品的信誉。产品的信誉较低，很重要的原因是产品的总体质量不高，因此我们要有创品牌的意识，提高产品的信誉。

第四节
中小学生校服产品质量监督管理工作与思考

校服作为学生这一特定人群穿着的服装,备受社会各界的关注。近年来,中小学生校服质量问题突出,并成为媒体及国内动态舆论的关注点,各省市教育部门、质监部门已加大了对校服产品的监督抽查和执法检查力度,并建立起了行之有效的校服管理规章制度。

一、部分省(市)校服产品质量监督管理规定

虽然全国范围内尚未形成一套统一的校服质量评价标准和有效的监管框架,但各地教育、质量监管以及相关部门已结合地方特色,出台了相应的管理措施,以强化对本地校服产品质量的监督与管理。如青岛市现有中小学生学生装的管理模式是公开招标,要求中标企业牢固树立产品质量意识,严格按国家标准一等品要求组织生产,严格执行原材料进货检验,检验合格后方可投入生产,成衣出厂报检,由质检部门派专业检验人员赴厂对成衣进行外观检验,并随机抽查样品检测内在质量,学校根据合格报告收发服装。据了解,这种管理模式目前在国内学生装管理中是比较规范和先进的。本章节将重点介绍广东、上海、山东等部分省市中小学生校服现有质量监督管理规定,以供管理者参考。

(一)广东省中小学生校服产品质量监督管理规定

1. 关于进一步加强我省学生校服和床上用品质量监督管理工作的通知

广东省教育厅、广东省质量技术监督局于 2014 年 3 月 31 日联合向各地级以上市及顺德区教育局、质监部门、各普通高等学校、省属中小学校印发了《关于进一步加强我省学生校服和床上用品质量监督管理工作的通知》(粤教后勤函〔2014〕24 号),通知分 4 个部分,具体内容整理如下:

近年来,全省教育和质监部门密切配合,不断加强对学生校服质量的监督检查工作,取得了明显成效,学生校服质量逐年提高,得到了社会各界的认同和肯定。但是,我省一些地区和学校仍然存在着对学生校服和床上用品质量不够重视,把关不严的情况。对校服的监督检查面没有全部覆盖,仍然

有家长反映一些地区的部分校服质量存在问题。有的学校直接让经销商到校园销售床上用品，给"黑心棉"等假冒伪劣床上用品流入校园以可乘之机。这些不仅影响学生身体健康，而且成为影响校园稳定的安全隐患。为认真贯彻落实国家教育部、质检总局等有关文件精神，确保我省学生校服和床上用品质量安全，切实保障学生人身健康安全，维护广大师生的合法权益和学校的稳定，现就进一步加强我省学生校服和床上用品的质量监督管理工作的有关事项通知如下：

（1）高度重视，建立完善学生校服和床上用品的质量监督管理长效机制

各级教育、质监部门和各级各类学校要高度重视学生校服和床上用品质量安全工作，并作为学校每年寒暑假开学的重点工作来抓，积极组织协调本辖区、本学校学生校服和床上用品市场的治理整顿和日常监管工作。质监部门要督促生产企业建立内部质量管理制度，包括对原材料入库的验收制度、产品生产过程质量监管制度、成品质量检验制度等；要加强对生产企业的产品质量监督抽查及后续处理工作。教育部门和学校要进一步完善采购机制，落实责任，严格把关，确保质量。

各级教育、质监部门要继续认真贯彻落实《省质监局、省教育厅、省公安厅、省环境保护厅、省卫生厅、省工商局转发国家质检总局等六部委关于严厉打击"黑心棉"违法犯罪行为实施意见的通知》（粤质监稽函〔2012〕873号）和按照国家质检总局、经贸委、卫生部、教育部、旅游局《关于加强集团购买絮用纤维制品质量监督工作的意见》（国质检执联〔2002〕299号）要求，进一步完善学生校服和床上用品的质量监督管理制度，加强日常监管，形成具体负责学生校服和床上用品的生产企业、采购部门、学校及教育、质监部门责任共担的长效管理机制。

（2）加强督查和整改，认真维护学校及学生的合法权益

各级教育、质监部门要加强对校服和床上用品的检查和抽查工作，要加强沟通协作，建立联动机制，齐抓共管，督促企业落实产品质量安全主体责任。各级教育、质监部门要在每学期开学前联合开展学生校服和床上用品质量监督检查。省教育厅和省质监局将每年开展学生校服和床上用品质量专项检查工作。检查工作要逐步做到动态化、全覆盖，力争使我省校服和床上用品的质量有一个较高的提升。

对于检查发现存在校服和床上用品质量问题的厂家，各级教育、质检部门要督促其认真整改，在整改完成前，暂停采购其产品。同时，各级教育部门要指导相关学校向提供不合格产品的企业进行交涉，依法维护学校和学生的合法权益。对于校服和床上用品出现如"毒校服""黑心棉"等严重质量问

题的厂家，省教育后勤产业办公室将在省教育后勤产业网上公布，并且建议全省教育系统不再采购其产品。

（3）加强宣传，进一步做好学生校服和床上用品质量安全知识普及工作

各级教育、质监部门和各级各类学校要将学生校服和床上用品质量安全纳入公益性宣传范围，要充分利用新生入学、季节变化时期和"质量月""世界标准日"等时机多渠道、多形式开展学生床上用品和校服质量安全知识的宣传和普及工作。通过宣传活动，使广大师生了解相关产品的标准，辨别质量合格与否的简易方法，积极倡导师生在正规途径和正规渠道选购校服和床上用品。

（4）严格执法执纪，坚决查处涉及校服和床上用品质量问题的案件

各级教育部门要加强对生产劣质学生校服和床上用品等违法信息的收集，对因学生校服和床上用品质量问题引发学生健康、校园秩序及社会稳定的事件，要严肃责任追究，涉及违法违纪问题的，要移交纪检监察部门和司法机关处理。有关情况要及时报告省教育厅和通报到同级有关质监部门。

各级质监部门要进一步完善和落实举报投诉奖励制度，对相关部门提供和收到的举报投诉线索要及时查处，严厉打击。对涉嫌犯罪的案件要依法移送公安机关查处。有关情况要及时报告省质监局和通报到同级有关教育行政部门。

各地级以上市及顺德区教育、质监部门要在每年10月30日前将学生校服和床上用品质量安全监督检查的情况、《学校集中采购学生床上用品信息表》（教育部门填报）以纸质和电子版两种形式分别上报省教育厅和省质监局。省教育厅和省质监局将对各级教育、质监部门相关工作进行督查。

2. 广东省中小学生校服着装规范研究成果

2014年4月，广东省教育厅在广州召集高校服装设计专业教师和中小学生校服生产企业代表，召开学生校服工作座谈会。就学生校服的文化功能、实用价值与育人功能以及校服设计制作进行座谈和研讨。会后，广东省教育厅随即成立了"广东省中小学生校服着装规范课题组"，经过近1年多的深入研究，几易其稿，2015年8月份形成了《广东省中小学生着装规范（试行）》（以下简称《着装规范》）研究报告，报请教育厅党组审议。其基本内容、主要特点和着装规范研究成果可归纳如下：

（1）基本内容框架

《着装规范》分为四个部分：总则、校服着装要求、校服的设计、其他相关事项。

第1部分：总则。该部分界定了校服的定义、校服设计制作的基本原则

和基本类别。

第2部分：校服着装要求。该部分明确校服在各种场合的着装类别要求以及穿着校服的礼仪标准规范。

第3部分：校服的设计。该部分在校服款式搭配、色彩搭配和配套服饰等方面提出建议或要求。

第4部分：其他相关事项。该部分规定了校服设计选用、质量控制与检测和标签信息等建议或要求。

（2）主要特点

一是填补国内空白。《着装规范》专门就中小学生校服着装礼仪提出了基本要求，与国家和省有关部门的校服质量规范、标准做好对应衔接，并在体现我省中小学生着装特点的同时，填补了国内有关中小学生着装规范方面的空白。

二是强化美育功能。《着装规范》就学生不同场合着装要求、着装礼仪、色彩搭配、文化特色、配饰要求等做出明确而具体的规定，有利于引导学生树立正确的着装观念，提高学生审美情趣和文化修养。

三是有效指引工作。《着装规范》对校服的定义、设计制作的基本原则、基本类别和着装要求等做出原则性规定，制定了校服质量控制与检测标准等条款，明确了校服各方权利义务责任，能够有效指引校服监管部门、学校和学生的行为规范，为学生着装工作提供制度保障。

（3）着装规范研究成果

广东省中小学生着装规范研究成果内容如下：

1 总则

为进一步完善中小学生校服管理制度，确保校服品质，发挥校服育人和审美功能，凸显校服的文化价值、实用价值与育人理念，依据国家和省有关服装、校服管理的规定，特制定本规范。本规范适用于全省各级各类有条件要求学生统一着装的全日制中小学校。

1.1 校服定义

中小学生校服是指全日制中小学校（含中等职业技术学校）学生在校期间或其他规定时间和场所的统一着装，是一种具有特定文化艺术内涵，蕴含文化教育理念，具有中小学生身份标识性的制服。

校服一般是指上衣下裳（裤），也可包含鞋袜、书包、头饰、帽子等穿戴物品。

1.2 校服设计制作的基本原则

1.2.1 安全舒适

安全是设计制作校服的首要原则，校服的质量应符合国家有关现行标准，有条件的地区可适当提高相关指标和要求。校服的设计制作应适应不同季节气候，材质柔软，耐磨耐拉，吸汗透气，松紧适度，穿着舒服。

1.2.2　经济实用

校服的设计制作应充分考虑不同地区学生家长的经济承受能力，强调实用价值，避免奢侈浪费。不同种类的校服要适应相应活动要求。

1.2.3　美观简洁

校服的设计制作应符合传统风俗习惯，体现青春气息和时代特征。校服的用料不能过于透明，校服的造型结构和图案色彩搭配应简洁明了，避免繁杂。

1.2.4　校服的设计不得违反国家法律法规，不得妨碍民族团结。

1.3　校服基本类别

校服从学生穿着的场合上可分为礼服、常服和运动服；从季节上可分为春秋装、夏装和冬装；从性别上可分为男装和女装。

2　校服着装要求

2.1　学生要塑造文明形象，以优雅的仪态展现青春、健康、阳光、活力的学生风采。学生在校期间以及课外集体活动时，应穿着校服。学生着装要整洁，不得涂鸦或更改款式。购买常服和运动服应酌情考虑便于换洗。

2.2　重要活动

升国旗、庆典盛会等庄重的场合，原则上统一穿着礼服或常服。

2.3　课堂学习

原则上统一穿着常服，体育课统一穿着运动服。

2.4　校服长裤裤脚长在鞋帮上与跗骨（踝骨）之间。裙下摆应贴近膝盖上下，不得高于膝盖 10 cm 以上；可以低于膝盖以下，裙形以 A 型款为主。

2.5　遇天气寒冷，学生可在校服常服内自行添加非校服制式的毛衣或加穿厚外套等防寒衣物。

2.6　学生着装不符合学校规定，如无特殊原因，老师可以按学校相关规定，通知家长到校替学生更换符合规定的校服，或要求学生次日上学时规范着装。

3　校服的设计

3.1　款式搭配细分

款式搭配细分见表 2-3。

表 2-3 款式搭配细分

季节	服装	性别	上装			下装	配饰	其他
春秋装	礼服	男	长袖衬衫	背心、马甲	纽扣外套	西裤	皮鞋、短袜	领饰、皮带
		女	长袖衬衫	背心、马甲	纽扣外套	裙装	皮鞋、长袜	
	常服	男	长袖衫		外套	裤装	平底鞋、短袜	
		女	长袖衫		外套	裤装、裙装	平底鞋、短袜	
	运动服	男	长袖T恤		外套	针织裤装	运动鞋、短袜	
		女	长袖T恤		外套	针织裤装	运动鞋、短袜	
夏装	礼服	男	短袖衬衫			西裤	领饰、皮鞋、袜子、皮带	
		女	短袖衬衫			裙装	领饰、皮鞋、短袜、皮带	
	常服	男	短袖衫			裤装	平底鞋、短袜	
		女	短袖衫			裤装、裙装	平底鞋、短袜	
	运动服	男	针织短袖衫			针织运动裤	运动鞋、短袜	遮阳帽
		女	针织短袖衫			针织运动裤	运动鞋、短袜	
冬装	礼服	男	长袖衬衫	毛衣	外套	西裤	领饰、皮鞋、袜子、皮带	
		女	长袖衬衫	毛衣	外套	裙装	领饰、皮鞋、袜子、皮带	
	常服	男	长袖衫	长袖毛衣、毛背心	加厚外套	裤装	平底鞋、袜子	加厚中长款外套
		女	长袖衫	长袖毛衣、毛背心	加厚外套	裤装	平底鞋、袜子	
	运动服	男	针织长袖衫	针织外套		针织裤	运动鞋、袜子	
		女	针织长袖衫	针织外套		针织裤	运动鞋、袜子	

3.2 色彩搭配

一般每款校服的色彩不超过四种颜色。运动装可采用对比强烈的色彩。冬装可适当增加暖色比例,夏装可适当增加冷色比例,春秋装可适当增加中性色比例。

3.3 配套服饰

3.3.1 校徽标识

校徽标识可由市、县(市、区)或学校统一设计,可缝制在衣服或帽子的适当位置。

3.3.2 帽子

帽子的造型与色彩须和校服设计相协调，并加有交通安全警示设计。

3.3.3 女生头饰

色调需统一和谐，造型图案简单。用色应和校服协调，不宜有与年龄身份不相称和不文明的图案文字与造型，不能使用坚硬材质和尖锐形状的头饰。

3.3.4 领饰

领饰（领结或领带等）款式设计应与校服相协调。

3.3.5 袜子、裤袜

袜子或裤袜，以无花色或无杂色的黑、白、灰、深蓝色等素色为主。

3.3.6 鞋子

鞋子应与校服的款式相协调，需有防滑底，运动鞋应有交通安全警示标识。

4 其他相关事项

4.1 校服设计选用

校服的款式风格、面辅料搭配由教育主管部门或学校组织设计、选用。

4.2 校服质量控制与检测

学校须指定专人负责校服管理和质量验收（查验质检报告），严把原材料和成品质量关。

4.2.1 校服质量控制与检测标准

针织学生服及机织学生服的质量等级、原材料、内在质量、外观质量的检测指标和检测方法以及标志、包装、运输和贮存等应符合现行相关标准。

4.2.2 校服质量相关标准及检验依据

校服标准应以国家强制性标准和企业在产品或者其包装上注明采用的产品标准为准，产品标准应包括对校服相适应的国家标准、行业标准、企业标准和地方标准。校服产品标准及检验依据如下：

GB 18401—2010《国家纺织产品基本安全技术规范》

GB/T 31888—2015《中小学生校服》

GB 31701—2015《婴幼儿及儿童纺织产品安全技术规范》

GB 5296.4—2012《消费品使用说明第 4 部分：纺织品和服装》

GB/T 29862—2013《纺织品　纤维含量的标识》

GB/T 22854—2009《针织学生服》

GB/T 23328—2009《机织学生服》

GB/T 22702—2008《儿童上衣拉带安全规格》

GB/T 22705—2019《童装绳索和拉带安全要求》

FZ/T 81003—2003《儿童服装、学生服》

FZ/T 81004—2012《连衣裙、裙套》

DB44/T 883—2011《广东省学生服质量技术规范》

4.3　校服标签

校服的生产企业须在产品标签上注明：生产企业名称、商标标志、企业地址、联系电话，并注明产品原材料成分、规格（型号）、执行的标准、使用与洗涤注意事项等信息。

（二）上海市中小学生校服产品质量监督管理规定

上海市教育委员会、上海市质量技术监督局、上海市财政局、上海市物价局、上海市工商行政管理局、上海市公安局于2013年2月16日联合向社会印发了《上海市关于加强本市中小学生校服管理的若干意见》（简称《意见》），随即教育部办公厅印发了《关于转发上海市〈关于加强本市中小学生校服管理若干意见〉的通知》（教基二厅函〔2013〕10号），上海市人民政府办公厅也在第一时间转发了市教委等六部门《关于加强本市中小学生校服管理若干意见的通知》（沪府办发〔2013〕10号）。《意见》共分五部分，具体内容如下：

为了确保中小学生校服质量安全，保障广大中小学生的切身利益，现就加强本市中小学生校服管理提出如下若干意见：

1. 规范校服采购管理

① 各中小学校应当充分发挥家长委员会的作用，与家长委员会共同商定本校学生是否穿着校服；确定穿着校服的，应当制定校服穿着制度。学校应当选择质量保障体系健全、产品质量优良、社会信誉好的企业采购校服。（责任部门：市教委）

② 学校应当与校服生产企业签订本市统一的校服采购合同，及时将校服采购情况与家长委员会沟通，并在学校公示栏或者网站公示校服采购情况，自觉接受家长的监督。同时，应当将校服采购合同向区县教育部门备案。本市校服采购合同格式文本由市教委会同市工商局制定。（责任部门：市教委、市工商局）

③ 接受学校选择的校服生产企业应当凭校服采购合同，主动向各区县质量技术监督部门申报。质量技术监督部门应当加强对校服生产企业的质量监督。（责任部门：市质量技术监督局）

④ 区县教育部门应当加强对学校采购校服的监督管理，规范校服采购程

序。(责任部门：市教委)

2. 完善校服价格管理

市教委会同市物价局、市财政局按照国家有关规定，制定并公布由学校代办校服的价格区间。具体价格由学校在充分听取家长委员会意见后与校服生产企业合同约定，并按照学生自愿和非营利原则据实收取，不得加收其他任何费用。(责任部门：市教委、市物价局、市财政局)

3. 建立校服双重送检制度

① 质量技术监督部门应当加强对校服产品质量的监督抽查和执法检查，督促企业落实产品质量主体责任。(责任部门：市质量技术监督局)

② 校服生产企业应当在每批次校服出厂前，按照国家标准要求，将一定数量校服送法定检验机构进行检验。送达各中小学校的校服，其质量标识应当完整齐全，并有法定检验机构出具的本批次产品质量检验合格报告。各中小学校在接收校服时，应当认真进行检查验收，查看产品质量检验报告和质量标识。(责任部门：市质量技术监督局、市教委)

③ 各中小学校应当主动将校服抽样送检，检验合格后，才可发放给学生使用。教育部门应当督促学校建立和落实校服送检制度。(责任部门：市教委、市质量技术监督局)

4. 建立校服生产企业"黑名单"制度

① 质量技术监督部门对出现严重质量问题的校服生产企业，将其列入"黑名单"并向社会公布，同时抄送教育部门、工商部门。本市中小学校不得向列入"黑名单"的生产企业采购校服。(责任部门：市质量技术监督局、市教委、市工商局)

② 质量技术监督部门应当及时公布校服质量监督抽样结果，并及时通报教育部门。教育部门应当及时将相关信息通知各中小学校。(责任部门：市质量技术监督局、市教委)

5. 建立问题校服退赔和惩处机制

① 一旦发现采购的校服有质量问题，中小学校应当立即与校服生产企业进行交涉，依照校服采购合同约定，要求校服生产企业办理退赔等事宜，并向上级教育部门汇报。同时，向质量技术监督部门举报，质量技术监督部门应当依法查处。(责任部门：市教委、市质量技术监督局)

② 校服生产企业如使用劣质原料生产校服，或者销售质量不合格校服的，由质量技术监督部门或工商部门依法查处，情节严重的，吊销营业执照；涉嫌构成犯罪的，依法移送公安机关处理。(责任部门：市质量技术监督局、市工商局、市公安局)

③ 学校或相关教育机构的工作人员在校服采购过程中，存在违反采购程序、收取回扣等违法违规行为的，由区县教育部门依法处理。（责任部门：市教委）

④ 相关部门或单位的工作人员未按照本意见履行职责，滥用职权、玩忽职守、徇私舞弊的，由相关职能部门依法给予行政处分；构成犯罪的，依法追究刑事责任。（责任部门：市教委、市质量技术监督局、市财政局、市物价局、市工商局、市公安局）

（三）山东省中小学生校服产品质量监督管理规定

1. 中小学学生装工作管理办法

山东省教育厅于 2011 年 4 月 19 日向各市教育局印发了《山东省中小学学生装工作管理办法（暂行）》的通知（鲁教办字〔2011〕17 号），通知分 9 个章节 35 条，具体内容如下：

1.1 总则

第一条 为了进一步规范全省中小学学生装工作，促进校园文化建设，提高学校管理水平，根据山东省教育厅、山东省物价局《关于加强中小学学生装管理有关问题的通知》（鲁教办字〔2001〕13 号）和山东省物价局、山东省教育厅《转发国家发展改革委教育部关于规范中小学服务性收费和代收费管理有关问题的通知的通知》（鲁价费发〔2011〕74 号）文件精神，结合我省实际，制定本办法。

第二条 本办法所称中小学学生装，是指全日制中小学校学生在校期间或其他规定时间和场所统一穿着的学生服装，是中小学生身份的标志性服装。

第三条 中小学学生装分为运动装和夏装。小学生每 3 年运动装和夏装各 1 套，分别在一、四年级配发；初中生运动装和夏装各 1 套，在新生入学时配发；高中生运动装和夏装各 1 套，在新生入学时配发。

本着"积极稳妥、量力而行"的原则，有条件的市可在坚持学生、家长自愿的基础上，逐步试行新的学生装款式和着装范围。

第四条 学生装质量应当符合国家质量、环保和安全有关标准及要求。

学生装面辅料实行全省统一招标、集中采购。

学生装制作实行定点生产企业制度。

学生装收费实行统一定价、价格公示制度。

第五条 山东省学校生产供应管理处具体负责全省学生装工作的规划、指导、协调、监督、服务。其职责为：

（一）学生装款式的评选、推荐；

（二）学生装面辅料质量标准的制定和品种的选定；

（三）全省学生装面辅料的统一招标、集中采购；

（四）学生装定点生产企业的备案管理；

（五）组织开展全省学生着装教育活动；

（六）组织开展全省学生装质量的监督检查。

市、县（市、区）教育行政部门及其学校后勤管理服务中心负责本地区的学生装的管理、实施工作。

中小学校指定专人负责本校的学生装工作。

1.2　面辅料管理

第六条　山东省学校生产供应管理处牵头组织成立专家委员会，负责全省中小学学生装面辅料质量标准制定及面辅料品种的选定工作。

第七条　学生装面辅料品种分为中、低两个档次。各市、各县（市、区）学校后勤管理服务中心根据当地经济水平和实际情况，在省定面辅料品种范围内自主选用。

第八条　学生装面辅料实行全省统一招标、集中采购，各市、各县（市、区）均不得自行采购。招标工作每学期举行1次，具体由山东省学校生产供应管理处组织实施。

1.3　款式管理

第九条　学生装款式应当遵循"朴素、大方、明快、实用"的原则，富有时代气息，充分体现青少年生理、心理特点，展现中小学生的良好精神风貌。

第十条　学生装实行县域内统一款式、规格，鼓励有条件的市逐步推进全市范围内统一款式、规格。

第十一条　县（市、区）学校后勤管理服务中心负责学生装款式的选定工作。

学生装款式原则上每3年选定1次，选定的程序为：

1. 面向社会公开征集学生装款式，并向社会公示应征款式（应征款式必须使用省定面辅料品种进行设计）；

2. 广泛征求学校、学生、家长的意见，组织专家进行评议；

3. 根据征求的意见和专家评议结果确定入围学生装款式，并向社会公布；

4. 确定适合本地区的学生装款式。

学生装款式确定后，应当逐级报山东省学校生产供应管理处备案后执行。

第十二条　全省每3年组织1次学生装款式评比活动。评选出的优秀款式面向全省进行推荐，供市、县两级选用。

1.4 学生装收费

第十三条 学生装收费标准为小学每套不高于80元,初中每套不高于100元,高中每套不高于120元。具体价格由各市教育、物价部门根据科学合理、公平公正的原则,综合考虑学生家庭经济承受能力和当地经济发展水平等因素核定,并报省教育、物价部门备案后执行。

有条件的市、县(市、区)可使用财政经费或学生公用经费,为学生免费配发学生装。

第十四条 中小学学生装收费实行家庭经济困难学生费用减免政策,减免比例不低于总配发量的2%,具体比例由市、县(市、区)学校后勤管理服务中心负责制定。

第十五条 具备下列情形之一的中小学生,可以申请学生装费用全部免除或减免一半:

1. 革命烈士子女;
2. 父母双亡,且抚养家庭被民政部门认定为特困家庭的;
3. 父母一方患重大疾病,且被民政部门认定为特困家庭子女的;
4. 父母一方丧失劳动能力,且被民政部门认定为特困家庭子女的。

第十六条 符合本办法第十五条规定的学生,由学校负责核实,并于每年新生入学5天内填写《中小学学生装费用减免申请表》提交所属县(市、区)学校后勤管理服务中心,县(市、区)学校后勤管理服务中心审核材料无误后予以公示,公示期限不少于5个工作日。公示无异议后,县(市、区)学校后勤管理服务中心通知学生装定点生产企业具体落实。

1.5 定点生产企业管理

第十七条 学生装实行定点生产企业制度。山东省学校生产供应管理处负责组织有关专家制定定点生产企业的资质条件,各县(市、区)学校后勤管理服务中心负责推荐1个定点生产企业,经市学校后勤管理服务中心初审后报山东省学校生产供应管理处审批。

第十八条 山东省学校生产供应管理处统一审核报批企业,符合条件的颁发"山东省学生装定点生产企业"牌证,取得学生装定点生产企业资格。

学生装定点生产企业资格有效期3年,每年组织1次年检,不合格者取消其定点生产企业资格。有效期届满前,应当重新按程序组织推荐、审批。

第十九条 学生装定点生产企业应当按照《山东省中小学学生装质量标准》及合同约定,在所属区域内组织中小学学生装的生产、销售和服务工作。

学生装定点生产企业不得将学生装转包其他企业、加工点制作。

第二十条 学生装定点生产企业应当积极配合主管部门对学生装质量和

生产过程的监督检查，服从各级学校后勤管理服务中心的管理，参加各级学校后勤管理服务中心组织的业务培训及各项活动。

1.6 征订工作程序

第二十一条 市、县两级学校后勤管理服务中心应分别于配备工作开始前3个月组织召开学生装工作专题会议，研究部署本辖区内的学生装征订和排产工作。

第二十二条 以市为单位，按照各县（市、区）选定的学生装面辅料品种和适配学生人数，于配备工作开始前2个月向山东省学校生产供应管理处报送面辅料订单，同时组织县（市、区）学校后勤管理服务中心与中标企业签订生产、销售、服务合同。合同签订后，学生装定点生产企业垫付面辅料总货款70%。

第二十三条 山东省学校生产供应管理处根据订单免费配发相应数量的"山东省学生装监制标识"，供学生装定点生产企业使用。此监制标识是中小学学生装质量的认证标志，也是学生装工作检查的重要依据。

第二十四条 学生装定点生产企业应在每年9月1日前完成运动装总配备量的80%的通号服装生产任务，9月20日前完成试穿、量体、调换工作，并将运动装全部配发到位。每年3月1日前，完成夏装总配备量的80%的通号服装生产任务，3月20日前完成试穿、量体、调换工作，并将夏装全部配发到位。配发过程中做好退、换等售后服务工作。

第二十五条 学生装定点生产企业在组织学生装生产过程中，应按照万分之五的比例留取样衣，以备技术监督部门检测使用。交付使用时，应当提供学生装质量合格证书。

第二十六条 以市为单位进行学生装货款结算。各市学校后勤管理服务中心必须在9月15日前完成与运动装面辅料供应企业的货款结算；3月15日前完成夏装面辅料的货款结算。同时，向完成生产与配备任务的学生装定点生产企业支付全额学生装货款。

1.7 着装教育

第二十七条 中小学生着装工作应按照实施素质教育的总体要求，与学校的日常管理和各项教育活动相结合，与促成中小学生良好的行为规范和礼仪常规相结合，与启迪中小学生的社会成员意识和培养集体主义精神、组织纪律观念相结合，使之成为实施素质教育的有效途径之一。

第二十八条 学生着装应符合下列要求：

1. 学生在校学习期间以及参加重大节日庆祝活动、升旗仪式、大型集会、集体活动时，应按要求统一穿着学生装；

2. 学生装穿着应严谨、规范，不得敞胸露怀，衣着不整；

3. 学生装应配套穿着，不得与其他衣服混穿；

4. 学生装应勤洗、勤换，保持干净整洁。

1.8 监督与考核

第二十九条 各级教育行政部门和学校应当遵守有关法律法规，严格按照上级主管部门的要求，做好中小学学生装的管理工作，并将此项工作列为学校督导和评估内容之一。

第三十条 中小学学生装所收费用专款专用，不允许截留、挤占、挪用。学校收费后直接上交各县（市、区）学校后勤管理服务中心，由县（市、区）学校后勤管理服务中心负责管理使用。

各级教育行政部门建立学生装收支审计制度，对学生装管理工作中的违法违规行为，依法按规追究其责任。

第三十一条 山东省学校生产供应管理处会同有关部门，每年组织 2 次全省学生装工作专项检查。

对学生装管理工作不到位的市、县学校后勤管理服务中心及中小学校，视情节轻重提出批评教育或通报批评。对在招标、征订等环节出现的违法违规行为严肃处理，构成刑事犯罪的依法追究其刑事责任。

对学生装质量不合格，学生装生产、销售、服务中存在问题的学生装定点生产企业组织核查，视情节轻重，采取相应的处理措施，直至取消其山东省定点生产企业资格。

市、县两级学校后勤管理服务中心应定期、不定期地对学生装定点生产企业进行监督检查，督促其及时解决学生装生产、配备过程中存在的问题。

第三十二条 山东省教育厅对开展学生装工作成绩突出的单位和个人，给予表彰、奖励。

1.9 附则

第三十三条 学生军训服装、公寓床上用品的管理工作可参照本办法执行。

第三十四条 本办法由山东省教育厅负责解释。

第三十五条 本办法自发布之日起执行。

2. 关于进一步加强全省学生装质量安全监管的通知

近日，媒体曝光的上海"毒校服"事件引起了社会各界广泛关注。根据我省近 3 年学生装质量监督抽查结果，产品质量监督抽查合格率平均为 60%。虽然未发现可分解芳香胺染料（偶氮染料）和纤维含量超标的现象，但学生装产品质量存在的纤维含量、pH 值、色牢度和产品标识不合格等问题十分突出。为切实保护广大中小学生身体健康，消除学生装质量安全隐患，省质量技术监督局、省教育厅联合决定进一步加强学生装产品质量安全监管，现将有关事项通知如下：

① 进一步落实全省学生装面辅料统一招标、集中采购工作。各级教育主管部门要严格按照《山东省中小学学生装工作管理办法（暂行）》的规定，在全省学生装面辅料统一招标的基础上，认真组织好本区域内的学生装面辅料征订工作。坚决做到非统一招标采购的面辅料一律不得投入学生装的生产，非定点生产企业生产的学生装一律不得采购，确保从源头上控制好学生装的产品质量。

② 加强学生装面辅料产品质量检验工作。参加省教育部门组织的学生装面辅料统一招标的企业，必须提供法定质检机构出具的学生装所需面料的合格检验报告。建立学生装面辅料送检制度，中标企业向学生装定点生产企业供应面辅料时，应由供货、收货双方共同抽取本批次面辅料样品，送交具有法定资质的产品质量检验机构检验，检验合格后方可接收入库、组织生产。检验不合格的，由供货方承担损失责任。

③ 强化学生装定点生产企业质量安全管理。为保证查有定所，学生装须经由具备"山东省学生装定点生产企业"资格的企业组织生产，如有违反，由教育主管部门按规定处理。学生装定点生产企业要建立完备的面辅料进货验证台账制度，严格记录面辅料来源、产品质量检验等信息，严禁质量不合格、检验报告不齐全的面辅料投入生产。凡发现没有进货台账、台账信息不健全、面辅料进货量与学生装生产量不匹配的，一律取消其"山东省学生装定点生产企业"资格。同时，各学生装定点生产企业要加强生产过程管理和质量把关，完善过程检验和出厂检验制度，确保产品质量水平。

④ 对入校学生装进行抽查检验。所有学校在订制学生装时必须与学生装定点生产企业签订供货合同，此合同一式三份，其中一份须报教育主管部门存档备查。教育主管部门会同质监部门负责对进入学校的学生装成衣进行抽查，并按照万分之五的比例抽取样衣（样衣抽取后，缺货部分由供货方免费补充），送交具有法定资质的产品质量检验机构检验。如产品质量不合格，一律督促相关学校做退货处理，并追究相关定点生产企业责任。如发现学校在与定点生产企业签订学生装供货合同时，故意降低产品质量要求，或从非学生装定点生产企业订购学生装，市教育主管部门予以通报批评。

⑤ 各级质量技术监督部门要加大对学生装产品质量的监督。充分利用定检、监督抽查等法定产品质量监督手段，加强对学生装定点生产企业的监督检查。对监督检查中发现的不合格产品，严格按有关法律法规处理。各地

还要将监督工作中发现的学生装产品质量问题及时上报省质监局，由省质监局汇总后统一向省教育厅反馈，由省教育厅对学生装定点生产企业进行处理。对存在纤维含水洗尺寸变化率等质量指标不合格，或者可分解芳香胺染料（偶氮染料）、甲醛含量等健康安全指标不合格的，直接取消其"山东省学生装定点生产企业"资格，并向社会公布。

⑥ 建立并实施学生装监制标识制度，主动接受社会各界监督。自2013年开始，全省范围内学生装均须配有"山东省学生装监制标识"。该标识采用严格防伪技术，学生或学生家长可通过拨打免费电话或登录网站判别其真伪。如发现假冒标识或学生装未配此标识，可以电话举报（举报电话：0531-86428573），教育主管部门将据此重点查处。该标识由山东省中小学后勤管理服务中心负责统一制作，并在面辅料征订时按配比发放。各级教育主管部门要将此内容通报各相关学校，并通过有效渠道大力宣传，确保让所有学生、学生家长乃至社会各界都能参与学生装的监督管理。

⑦ 建立学生装信息沟通机制。省质量技术监督局、省教育厅将建立学生装产品质量信息通报制度，定期沟通信息，共同加强管理。

二、中小学生校服产品质量监督管理工作的思考与对策

20世纪90年代，校服生产企业多为各级教育主管部门的下属单位，企业为勤工俭学性质的集体企业，不以营利为目的，主要是服务教育事业。随着改革开放的推进和社会经济的发展，人们的物质生活水平大幅提高，对校服的款式、舒适性等要求不断提高。原来计划经济形态的集体企业满足不了广大学生、家长对校服提出改进的要求，加之政府简政放权的需要，各地教育主管部门逐步放开了对校服生产的垄断，交由市场运作。

校服为制式服装，有别于时装，技术含量低，进入门槛低，各地有着庞大的市场需求，致使校服生产企业井喷发展，企业状况参差不齐，从业者有大的集团公司、上市公司、专业服装企业和个体工商户等。由于校服生产从业者的多样性，造成校服产品的质量和品质参差不齐，为此各地质监部门加大了对校服产品的监督抽查和执法检查力度，从各地中小学校服产品历年的监督抽查结果来看，目前校服产品抽样合格率在80%～90%之间，校服产品质量仍有待进一步提高。为了进一步规范校服质量管理，提出以下几点思考和建议供政府监管部门参考。

① 政府加强统一调控。目前校服的采购包括教育主管部门统一采购、学校自行采购、代理公司代理采购等多种方式，从监督抽查的统计结果可以看

出,由教育主管部门统一采购的校服抽样合格率最高。各级政府应主动加强对校服的统一调控,经济发达地区可以考虑将义务教育阶段的校服费用纳入教育经费,对校服实行政府采购,由政府统一把控校服质量。

② 质量监督部门加强质量管理。以往质监部门更重视生产领域的监督抽查,这种方式不可避免地缺乏对产品的抽查覆盖性,为此各地加大了对中小学采购校服的执法检查和监督抽查,并发现了相当数量存在质量问题的产品。质监部门应对中小学采购校服进行监督抽查和执法检查,确保在校服发放给学生之前,发现问题,解决问题。质监部门应加强跨地区的信息共享和协作,对生产不合格校服的企业,及时查处,从重处罚,对构成犯罪的,及时移交公安部门。质监部门应主动对校服生产企业进行行政指导,宣传法律法规和标准,帮助企业提高质量意识,加强质量管理,严把产品质量关。

③ 教育主管部门加强校服采购的监督和指导。教育主管部门应该重视校服质量,规范校服的采购行为。由教育主管部门统一采购的,应该严格执行采购程序,公开招标,加大校服质量占评标总分的比例,加强大货验收工作,确保采购到质优价廉的校服。由学校或代理公司采购的,教育主管部门应全程监督和指导,确保采购过程公开透明。

④ 学校规范校服采购行为,加强质量验收。学校应高度重视校服的采购工作,具体负责人员应该学习相关的法律法规和标准,了解校服产品的质量要求,招标时应综合考虑,不能只看价格,大货到校时一定要进行验收,并通知质监部门进行抽样检验,检验合格后方可发放。

⑤ 探讨将校服产品纳入市场准入条件和审查办法,为生产加工企业确定明确的市场准入通用要求和条件。由于校服产品的特殊性质,考虑将校服产品纳入市场准入机制。这样可以对生产企业进行一次洗牌,保留一批规模大、信用好、管理严的校服生产企业,淘汰一些规模小、信用差、管理松的校服生产企业。这样可以迫使企业注重质量、加强管理、规范生产、合法经营,从源头控制好校服产品的质量。

⑥ 加强对校服生产企业的培训和考核,定期由教育部、质监部门或相关单位对企业进行法律法规、相关标准、生产过程控制以及先进管理理念的培训。

校服产品涉及生产、销售、消费等各个领域,涉及质监、教育等多个部门。只有政府高度重视、统一调控,各个部门信息共享、积极配合、共同管理,以及学生、家长及社会进行有效监督,才能保证学生穿上价廉物美、安全舒适的校服。

第三章

中小学生校服质量标准技术规范

随着生活水平的提高，人们的安全意识也在提高，对纺织服装产品的安全性也更加关注。对于中小学生这类特殊消费群体，家长们不仅在意校服的款式，更加关心校服的产品质量安全性能。GB/T 31888—2015《中小学生校服》是我国第一个专门针对中小学生校服产品的国家标准，在该国家标准未出台之前，相关标准数量多，存在着标准分散、协调性不够、无专门标准、不便各方使用的情况，容易让普通消费者产生我国没有校服标准的错觉。标准的不统一，不仅让生产企业无所适从，而且增加了质检部门的监管难度，让不法企业有了可乘之机。

本章将重点介绍中小学生校服标准，校服产品质量必须执行的基本安全技术规范和相关产品质量技术规范，并从使用标准的角度解读各标准的技术要求。本章中选摘了两份典型的地方标准案例，供有条件的地区今后在《中小学生校服》国家标准的基础上制定质量安全更加严格、穿着性能更加舒适的校服技术规范要求作参考。

第一节
中小学生校服标准

中小学生校服标准从解决当前校服突出质量安全问题出发，在制定过程中吸收了大量的研究成果，打破了机织服装、针织服装产业界限，从有利于广大青少年健康成长的角度来制定标准，全面规范了校服的基本安全和质量，既方便使用方使用，又可利用现有有效资源，构筑中小学生校服质量安全门槛，为校服管理和监管体系的建立提供有效支撑。

一、适用范围

标准适用于以纺织织物为主要材料生产的中小学生在学校日常统一穿着的服装及其配饰。其他学生校服可参照执行。

标准规定了中小学生校服的技术要求、试验方法、检验规则以及包装、贮运和标志。

二、术语与定义

校服及其配饰是标准规范的主要对象,是标准涉及的两个关键术语,对这两个术语给出定义有助于对标准范围的界定和理解。

"校服"原本并没有标准化的定义,各种资料中的解释不完全一致,但基本都涉及"统一样式的、学生服装、中小学普遍穿着、有校徽"等一些主要要素。例如"维基百科"对校服的描述为"A school uniform is an outfit — a set of standardized clothes — worn primarily for an educational institution. They are common in primary and secondary schools in various countries. When used, they form the basis of a school's dress code"。从某种程度上讲,校服也属于一种职业服,在 GB/T 15557—2008《服装术语》[注]中"职业服"的定义为:"职业装又称工作服,是为展示整体形象需要和劳动动作需求所穿着的服装。"通过分析这些资料,本标准将"校服"定义为"学生在学校日常统一穿着的服装,穿着时形成学校的着装标志"。

与"配饰"相关的术语有"服饰"。例如,FZ/T 73025—2019《婴幼儿针织服饰》中"服饰 Garment and adornment"包括服装、袜子、脚套、帽子、围兜、肚围、手套等。GB/T 15557—2008《服装术语》中"服饰 Apparel and accessories"定义为"装饰和保护人体的物品总称,包括服装、帽子、领带、手套、袜子等"。这两个标准的服饰包括了服装。而在《警用服饰》等公安标准中"服饰 Accessories"是指臂章、肩章、警号、领带等,并不包括服装。因此,目前对于服饰概念的理解还不完全一致。而本标准中的配饰是指与校服配套穿着的产品,为了避免与"服饰"混淆,本标准采用"配饰 Accessories"一词,并定义为"与校服搭配的小件纺织产品,例如领带、领结和领花等"。

三、要求

(一)号型

校服号型的设置应按 GB/T 1335.3—2009《服装号型 儿童》或 GB/T 6411—2008《针织内衣规格尺寸系列》规定执行,超出标准范围的号型按标准规定的分档数值扩展。

注:考虑到标准全部表达比较长,本书第一次出现时用全称,后面出现时有时会用标准号,在本章节的最后有标准目录,可对照查看完整信息。

(二)安全要求与内在质量

1. 一般安全要求与内在质量

应符合表3-1的规定。

表3-1 一般安全要求与内在质量

项目		要求
纤维含量		符合 GB/T 29862《纺织品纤维含量的标识》要求
甲醛含量		符合 GB 18401《国家纺织产品基本安全技术规范》的 B 类要求
可分解致癌芳香胺染料		
pH 值		
异味		
燃烧性能		按 GB 31701《婴幼儿及儿童纺织产品安全技术规范》执行
附件锐利性		
绳带		
残留金属针		
染色牢度/级≥	耐水(变色、沾色)	3~4
	耐汗渍(变色、沾色)	3~4
	耐摩擦(干摩)	3~4
	耐摩擦(湿摩)	3
	耐皂洗(变色、沾色)	3~4
	耐光汗复合 a	3~4
	耐光 b	4
起球 b/级 ≥		3~4
顶破强力(针织类) b/N ≥		250
断裂强力(机织类) b/N ≥		200
胀破强力(毛针织类) b/N ≥		245
接缝强力/N ≥	面料	140
	里料	80
接缝处纱线滑移(机织类)/mm ≤		6
水洗尺寸变化率 b/%	针织类(长度、宽度)	-4.0~+2.0
	机织类(长度、宽度)	-2.5~+1.5

续表

项目		要求
水洗尺寸变化率 b/%	机织类（腰宽、领大）	−1.5～+1.5
	毛针织类（长度、宽度）	−5～+3.0
水洗后扭曲率 b、c/% ≤	上衣、筒裙	5
	裤子	2.2
水洗后外观	绣花和接缝部位处不平整	允许轻微
	面里料缩率不一，不平服	允许轻微
	涂层部位脱落、起泡、裂纹	不允许
	覆黏合衬部位起泡脱胶	不允许
	破洞缝口脱散	不允许
	附件损坏、明显变色、脱落	不允许
	变色	不低于 4 级
	其他严重影响服用的外观变化	不允许

注：轻微是指直观上不明显，目测距离 60 cm 观察时，仔细辨认才可看出的外观变化。

[a] 仅考核夏装。
[b] 仅考核校服的面料。
[c] 松紧下摆和裤口等产品不考核。

校服作为纺织产品，必须执行现行强制性有关纺织品的标准。考虑到目前校服中春夏秋装与皮肤直接接触的情况较多，从保障学生的身体健康出发，标准规定甲醛、偶氮、pH 值和异味等执行 GB 18401—2010《国家纺织产品基本安全技术规范》直接接触皮肤的 B 类要求；燃烧性能、附件锐利性、绳带、残留金属针执行 GB 31701—2015《婴幼儿及儿童纺织产品安全技术规范》中儿童用纺织品的要求。

内在质量考核项目选择了体现产品质量和服用性能的一些基本项目，包括断裂强力、顶破强力、色牢度（耐摩擦、皂洗、水、光、汗渍和光汗复合）、尺寸变化率、起球、接缝处纱线滑移（纰裂）、后裆接缝强力、洗后外观和洗后扭曲率等，其指标水平与现行儿童服装、学生服等标准的一等品指标相当。其中水洗尺寸变化性能中，毛衣校服仅选择了总尺寸变化率，以简化考核项目。

2. 纤维成分及含量

标准要求校服直接接触皮肤的部分，其棉纤维含量标称值应不低于 35%。

如何保证直接接触皮肤校服的舒适性，很难找到一种周全的考核方法。学生服标准中采取限定回潮率指标的方法，一些地方校服标准中对面料中的棉纤维含量作了规定，其目的都是限制纯化纤（涤纶）面料制作贴身校服，以使校服具有较好的舒适性。本标准规定直接接触皮肤产品的棉纤维含量不低于35%，是保证校服产品舒适性的一种比较直接和有效的方法。

3. 填充物

防寒校服的填充物应符合 GB 18401 B 类要求，以及 GB 18383 或 GB/T 14272 的要求。

4. 配饰

配饰应符合 GB 18401 B 类要求和 GB 31701 的锐利性要求。领带、领结和领花等宜采用容易解开的方式。

5. 高可视警示性

如果需要配高可视警示性标志，应符合 GB/T 28468—2012《中小学生交通安全反光校服》的要求。

出于对交通安全考虑，公安部制定了 GB/T 28468。但学生在校学习与环卫交警等在马路上作业的环境不同，学生在学校期间并不需要服装的反光性能。在光线昏暗或过马路时，可通过佩戴反光背心、反光缚带或易脱卸的反光附件，以及在书包上增加反光材料等形式达到警示作用。如果在校服上增加很多反光标志，既不美观，也增加成本，同时也不符合校服经常洗涤的使用情况。为此，对常规校服的高可视警示性要求不作硬性规定，不同地区可根据情况自主选择。如果需要对校服的高可视警示性（反光校服）提出要求，可按现行标准 GB/T 28468 执行。

（三）外观质量

外观质量应符合表 3-2 的要求。

表 3-2 外观质量

项目		要求
色差	单件	面料不低于 4 级，里料不低于 3～4 级
	套装，同批	不低于 3～4 级
布面疵点		主要部位不允许，次要部位允许轻微
对称部位互差	＜ 20 cm	5 mm
	≥ 20 cm	8 mm

续表

项目	要求
对条对格（>10 mm 的条格）	主要部位互差不大于 3 mm，次要部位互差不大于 6 mm
门里襟	允许轻微的不平直；门里襟长度互差不大于 4 mm；里襟不可长于门襟
拉链	允许轻微的不平服和不顺直
烫黄、烫焦	不允许
扣、扣眼	锁眼、钉扣封结牢固；眼位距离均匀，互差不大于 4 mm；扣位与眼位互差不大于 3 mm
缝线	无漏缝和开线。主要部位不允许有明显的不顺直、不平服、缉明线宽窄不一
绱袖	圆顺，前后基本一致
领子	平服，不反翘；领尖长短或驳头宽窄互差不大于 3 mm
口袋	袋与袋盖方正、圆顺、前后、高低一致
覆黏合衬部位	不允许起泡、脱胶和渗胶

注 1：布面疵点的名称及定义见 GB/T 24250—2009《机织物 疵点的描述 术语》和 GB/T 24117—2009《针织物 疵点的描述 术语》。
注 2：轻微是指直观上不明显，目测距离 60 cm 观察时，仔细辨认才可看出的外观变化。
注 3：对称部位包括裤长、袖长、裤口宽、袖口宽、肩缝长等。
注 4：主要部位指上衣胸部 2/3，裤子和长裙前身中部 1/3，短裤和短裙前身下部 1/2。

根据标准制定时确定的编制原则，标准在外观质量方面进行了简化，重点关注消费者可视的一些关键因素。标准中将疵点划分为色差、布面疵点、尺寸偏差、部件缺陷等，其指标水平与现行儿童服装、学生服等标准的一等品甚至优等品指标相当。

四、校服与学生服标准主要异同点

（一）要求方面异同点

1. 共同之处

校服标准与以往学生服标准都规定必须满足 GB 18401—2010《国家纺织产品基本安全技术规范》和 GB 5296.4—2012《消费品使用说明 第 4 部分：纺织品和服装》等强制性标准。与 GB/T 23328—2009《机织学生服》、GB/T 22854—2009《针织学生服》相比，都要检测校服的纤维含量、色牢度、水洗尺寸变化、起毛起球、顶破强力、接缝强力等指标。

2. 不同之处

校服标准要求产品不分等级（优等品、一等品、合格品），只有统一的技术要求。达到要求才能进行校服生产活动，从政策层面上限制了不法商家钻标准空子的行为。

校服标准增加了安全性检测项目。除了 GB 18401—2010《国家纺织产品基本安全技术规范》规定的 B 类基本要求外，还对涉及儿童安全的燃烧性能、附件锐利性、服装绳带和残留金属针四个项目特别规定，要求必须符合强制性标准 GB 31701—2015《婴幼儿及儿童纺织产品安全技术规范》，并且领带、领结和领花等宜采用容易解开的方式。如果是有反光条的校服，必须符合 GB/T 28468—2012《中小学生交通安全反光校服》规定。

校服标准提高了安全质量要求。首先，不管夏装、冬装校服，都至少要符合 B 类要求。其次，对校服的内在质量要求规定，大部分项目与现行学生服的一等品相当，部分项 B 和优等品要求相当。

校服标准提高了舒适性要求。一是明确规定校服直接接触皮肤的部分，棉纤维含量标称值不低于 35%。二是明确规定不允许在衣领处缝制任何标签，只能在侧缝处缝制耐久性标识等提升舒适度的细节要求。三是小学生校服绳带长度要适中，避免缠绕脖颈。

校服标准针对不同种类的校服，技术要求有所不同。其中耐光汗复合色牢度仅考核夏装，耐光色牢度和起球仅考核校服面料，针织类考核顶破强力，机织类考核断裂强力，毛针织类考核胀破强力。

（二）试验方法异同点

校服标准中的试验方法均选用了通用的、与国际接轨的国家标准，或目前国内通行的试验方法。其异同点如下：

① 安全指标的试验方法与强制性标准的规定一致；

② 纤维成分和含量的测定按 GB/T 2910.1—2009《纺织品定量化学分析》执行；

③ 机织面料的断裂强力选择条样法，是国内外大多数产品标准中采用的方法；

④ 接缝处纱线滑移（纰裂）采用定负荷法，该方法是产品标准常用的方法，为便于操作，取隔距长度与接缝强力方法相同，其中取样部位采纳了现行服装标准中的规定；

⑤ 针织面料的顶破强力采用行业通用的钢球（弹子）顶破法；

⑥ 毛衣类的胀破强力采用行业通用的胀破法；

⑦ 后裆接缝强力选择了条样法，取样部位采纳了现行服装标准中的规定；

⑧ 机织和针织校服的起球性能的测定采用圆轨迹法，与现行服装标准相同；毛衣校服采用起球箱法，与现行毛针织品标准相同；

⑨ 水洗尺寸变化的测定采用 GB/T 8629—2017《纺织品 试验用家庭洗涤和干燥程序》中 5A 程序洗涤和悬挂晾干的干燥方法，并吸纳了针织服装的晾干方法；另外，毛衣类校服参考 FZ/T 73018—2021《毛针织品》采用 7A×2 程序；

⑩ 尺寸测置部位和方法统一按 GB/T 8628—2013《纺织品 测定尺寸变化的试验中织物试样和服装的准备、标记及测量》的规定；

⑪ 水洗后扭曲方法采用侧面标记法，并吸纳了针织产品中的裤子标记说明。

（三）与有关标准的关系

在基本安全方面，执行 GB 18401—2010《国家纺织产品基本安全技术规范》、GB 31701—2015《婴幼儿及儿童纺织产品安全技术规范》和 GB 5296.4—2012《消费品使用说明第 4 部分：纺织品和服装》等强制性标准；在一般性能要求方面，参考了 GB/T 23328—2009《机织学生服》、GB/T 22854—2009《针织学生服》、FZ/T 73045—2013《针织儿童服装》、FZ/T 81003—2003《儿童服装、学生服》和 FZ/T 73018—2021《毛针织品》等标准的技术要求，技术指标的确立一般对应或优于这些标准的一等品技术要求。对有交通安全警示性要求的产品，制定了选择性条款，即以直接引用 GB/T 28468—2012《中小学生交通安全反光校服》标准的形式加以规定。

第二节
基本质量安全技术规范

校服生产、采购和销售必须符合基本质量安全技术规范。主要包括 GB 18401《国家纺织产品基本安全技术规范》、GB 5296.4—2012《消费品使用说明第 4 部分：纺织品和服装》和 GB 31701—2015《婴幼儿及儿童纺织产品安全技术规范》等国家标准。

一、国家纺织品基本安全技术规范

（一）范围

标准规定了纺织产品的基本安全技术要求、试验方法、检验规则及实施与监督。纺织产品的其他要求按有关的标准执行。

标准适用于在我国境内生产、销售的服用，装饰用和家用纺织产品。出口产品可依据合同的约定执行。

（二）术语和定义

① 纺织产品：以天然纤维和化学纤维为主要原料，经过纺、织、染等加工工艺或再经缝制、复合等工艺制成的产品，如纱线、织物及其制成品。

② 基本安全技术要求：为保证纺织产品对人体健康无害而提出的最基本的要求。

③ 婴幼儿纺织产品：年龄在36个月及以下的婴幼儿穿着或使用的纺织产品。

④ 直接接触皮肤的纺织产品：在穿着或使用时，产品的大部分面积直接与人体皮肤接触的纺织产品。

⑤ 非直接接触皮肤的纺织产品：在穿着或使用时，产品不直接与人体皮肤接触，或仅有小部分面积直接与人体皮肤接触的纺织产品。

（三）产品分类

产品按最终用途分为以下3种类型：即婴幼儿纺织产品、直接接触皮肤的纺织产品和非直接接触皮肤的纺织产品。

需用户再加工后方可使用的产品（例如，面料、纱线）根据最终用途归类。

（四）要求

纺织产品的基本安全技术要求根据指标要求程度分为A类、B类和C类，见表3-3。

表3-3 国家纺织产品基本安全技术规范

项目	A类	B类	C类
甲醛含量/（mg/kg）≤	20	75	300
pH值	4.0～7.5	4.0～8.5	4.0～9.0

续表

项目		A类	B类	C类
染色牢度/级≥	多耐水（变色、沾色）	3~4	3	3
	耐酸汗渍（变色、沾色）	3~4	3	3
	耐碱汗渍（变色、沾色）	3~4	3	3
	耐干摩擦	4	3	3
	耐唾液（变色、沾色）	4	—	—
异味		无		
可分解致癌芳香胺染料/（mg/kg）		禁用		

① 婴幼儿纺织产品应符合 A 类产品的技术要求，直接接触皮肤的产品应至少符合 B 类产品的技术要求，非直接接触皮肤的产品应至少符合 C 类产品的技术要求。婴幼儿纺织产品必须在使用说明上标明"婴幼儿用品"字样，一般适用于身高 100 cm 及以下婴幼儿使用的产品可作为婴幼儿纺织产品。其他产品应在使用说明上标明所符合的基本安全技术要求类别。

② 后续加工工艺中必须要经过湿处理的非最终产品，pH 值可放宽至 4.0~10.5 之间。

③ 对需经洗涤褪色工艺的非最终产品、本色及漂白产品不要求；扎染、蜡染等传统的手工着色产品不要求；耐唾液色牢度仅考核婴幼儿纺织产品。

（五）实施与监督

① 依据《中华人民共和国标准化法》及《中华人民共和国标准化法实施条例》的有关规定，从事纺织产品科研、生产、经营的单位和个人，必须严格执行本标准，不符合本标准的产品，禁止生产、销售和进口。

② 依据《中华人民共和国标准化法》及《中华人民共和国标准化法实施条例》的有关规定，任何单位和个人均有权检举、申诉、投诉违反本标准的行为。

③ 依据《中华人民共和国产品质量法》的有关规定，国家对纺织产品实施以抽查为主要方式的监督检查制度。

④ 关于纺织产品的基本安全方面的产品认证等工作按国家有关法律、法规的规定执行。

（六）法律责任

对违反本标准的行为，依据《中华人民共和国标准化法》《中华人民共和国产品质量法》等有关法律、法规的规定处罚。

（七）与校服技术要求异同点

GB 18401—2010《国家纺织产品基本安全技术规范》和 GB/T 31888—2015《中小学生校服》相对应的检验项目的技术差异如表 3-4 所示。

表 3-4 国家纺织产品基本安全技术规范与中小学生校服要求差异

项目		A 类	B 类	C 类	GB/T 31888
甲醛含量/（mg/kg）≤		20	75	300	75
pH 值		4.0~7.5	4.0~8.5	4.0~9.0	4.0~8.5
染色牢度/级≥	多耐水（变色、沾色）	3~4	3	3	3~4
	耐酸汗渍（变色、沾色）	3~4	3	3	3~4
	耐碱汗渍（变色、沾色）	3~4	3	3	3~4
	耐干摩擦	4	3	3	3~4
	耐唾液（变色、沾色）	4	—	—	—
异味		无			
可分解致癌芳香胺染料/（mg/kg）		禁用			

GB/T 31888—2015《中小学生校服》中甲醛含量、pH 值、可分解致癌芳香胺染料、异味的要求和 GB 18401—2010《国家纺织产品基本安全技术规范》的 B 类要求一致，耐水、耐汗渍均要求达到 GB 18401 的 A 类要求，耐干摩擦高于 GB 18401 的 B 类要求，介于 A 类和 B 类之间。

二、婴幼儿及儿童纺织产品安全技术规范

在社会各界的广泛关注下，2015 年 5 月 26 日，国家标准委批准发布了强制性国家标准 GB 31701—2015《婴幼儿及儿童纺织产品安全技术规范》，并要求于 2016 年 6 月 1 日正式实施。这是我国第一部专门针对婴幼儿及儿童纺织产品的强制性国家标准。鉴于婴幼儿和儿童群体的特殊性，该标准在原有国家纺织品基本安全标准的基础上，进一步提高了婴幼儿及儿童纺织产品的各项安全要求。该标准对儿童服装的安全性能进行了全面规范，有助于引

导生产企业提高儿童服装的安全与质量，保护婴幼儿及儿童健康安全。

（一）范围

标准适用于在我国境内销售的婴幼儿及儿童纺织产品。不适用于布艺毛绒类玩具、布艺工艺品、一次性使用卫生用品、箱包、背提包、伞、地毯等。

标准规定，婴幼儿纺织产品指年龄在 36 个月及以下的婴幼儿穿着或使用的纺织产品，儿童纺织产品指年龄在 3 岁以上、14 岁及以下的儿童穿着或使用的纺织产品。

（二）术语与定义

与 GB 18401 标准相同术语和定义不再单独表述。

① 儿童纺织产品：年龄在 3 岁以上，14 岁及以下的儿童穿着或使用的纺织产品。一般适用于身高 100 cm 以上、155 cm 及以下女童或 160 cm 及以下男童穿着或使用的纺织产品可作为儿童纺织产品。其中，130 cm 及以下儿童穿着的可作为 7 岁以下儿童服装。

② 附件：纺织产品中起连接、装饰、标识或其他作用的部件。

③ 绳带：以各种纺织或非纺织材料制成的，带有或不带有装饰物的绳索、拉带、带襻等。

（三）要求

1. 总则

1.1 婴幼儿及儿童纺织产品的安全技术要求分为 A 类、B 类和 C 类。本标准的安全技术类别与 GB 18401 的安全技术类别一一对应。

1.2 婴幼儿纺织产品应符合 A 类要求；直接接触皮肤的儿童纺织产品至少应符合 B 类要求；非直接接触皮肤的儿童纺织产品至少应符合 C 类要求。

1.3 婴幼儿及儿童纺织产品应符合 GB 18401，同时最终产品还应符合标准规定的织物的要求、填充物的要求、附件的要求和其他要求。

1.4 婴幼儿纺织产品应在使用说明上标明标准的编号及"婴幼儿用品"。儿童纺织产品应在使用说明书标明标准的编号及符合的安全技术要求类别（例如，GB 31701 A 类、GB 31701 B 类或 GB 31701 C 类），产品按件标注一种类别。按本标准要求标明了安全技术类别的婴幼儿及儿童纺织产品可不必标注 GB 18401 中对应安全技术类别。

2. 织物的要求

婴幼儿及儿童纺织产品的面料、里料、附件所用织物应符合 GB 18401 中对应安全技术类别的要求以及表 3-5 的要求。

表 3-5 织物的要求

项目		A 类	B 类	C 类
耐湿摩擦色牢度 / 级 ≥		3（深色 2~3）	2~3	—
重金属 /（mg/kg）≤	铅	90	—	—
	镉	100	—	—
邻苯二甲酸酯 /% ≤	邻苯二甲酸二（2-乙基）己酯（DEHP）、邻苯二甲酸二丁酯（DBP）和邻苯二甲酸丁基苄基酯（BBP）	0.1	—	—
	邻苯二甲酸二异壬酯（DINP）、邻苯二甲酸二异癸酯（DIDP）和邻苯二甲酸二辛酯（DNOP）	0.1	—	—
燃烧性能		1 级（正常可燃性）		

注：婴幼儿纺织产品不建议进行阻燃处理。如果进行阻燃处理，需符合国家相关法规和强制性标准的要求。

2.1 根据 GB 31701 标准规定，婴幼儿及儿童纺织产品的面料、里料、附件所用织物应符合表 3-5 的要求。与 GB 18401 相比，GB 31701 对 A 类和 B 类织物增加了耐湿摩擦色牢度的要求，但本项目对本色布及漂白产品不要求。

2.2 要求重金属铅含量＜90 mg/kg、镉≤100 mg/kg，仅考核 A 类含有涂层和涂料印染的织物，指标为铅、镉总量占涂层或涂料质量的比值。本项目在实际操作上应注意识别涂料印染。

2.3 邻苯二甲酸酯是一种使用广泛、性能好又廉价的 PVC 增塑剂，俗称增塑剂，对环境有污染，对人体存在潜在的危害。考虑到婴幼儿容易将各种物品放进口中，欧盟和美国都有法令或技术法规进行限制，本标准对其进行了限制。

2.4 燃烧性能是指织物在空气中燃烧的状态和所表现出来的物理化学性能。在燃烧性能方面，我国产品标准一直是空缺，但国外对家用（室内）纺织品、婴幼儿儿童用品都有相应的安全法规。婴幼儿纺织产品一般都使用柔软的纯棉织物，儿童服装也多以纯棉织物作为面料，着火点（燃点）低（如棉、麻 150℃，黏纤等再生纤维素纤维 230℃，羊毛 350℃，锦纶、涤纶等化纤 390℃），但本标准仅考核燃烧性能，而不是阻燃性能，一般织物都能达到。

燃烧性能的测定按照 GB/T 14644—2014《纺织品燃烧性能 45°方向燃

烧速率测定》标准执行，该标准规定：1级（正常可燃性）、2级（中等可燃性）、3级（快速剧烈燃烧）。GB 31701标准规定A、B、C类均应符合1级正常可燃，该指标参照了美国法规CFR 1610《服用织物易燃性标准》中的方法和指标，既可防范使用易燃和火焰蔓延速度快的织物对婴幼儿及儿童造成灼烧伤害，又可防范使用阻燃剂对婴幼儿及儿童造成化学危害。

燃烧性能需要考核棉、麻天然纤维素纤维，黏纤、莱赛尔、莫代尔等再生纤维素纤维纯纺或混纺织物，且仅限外层面料。但对羊毛、腈纶或改性腈纶、锦纶、丙纶、聚酯纤维的纯纺织物以及混纺织物不考核。厚重织物都能达到1级正常可燃，因此面密度大于90 g/m² 的织物也不考核。

3. 填充物的要求

婴幼儿及儿童纺织产品所用填充物均应符合GB 18401中对应安全技术类别的要求，常用的填充物主要有两类，分别是羽毛羽绒和絮用纤维。羽毛羽绒填充物应符合GB/T 17685—2016《羽绒羽毛》中微生物技术指标的要求。实际操作中，应按GB/T 17685先检测耗氧量，如不超过10 mg/100 g，无须检测微生物指标，若超过10 mg/100 g，再检测微生物指标，若指标符合要求，则该羽毛羽绒微生物卫生指标符合GB/T 17685的要求，若指标不符合，则该羽毛羽绒微生物卫生指标不符合GB/T 17685的要求。絮用纤维应符合GB 18383—2007《絮用纤维制品通用技术要求》。

其他填充物的安全技术要求需按国家相关法规和强制性标准执行。

4. 附件的要求

服装上的小附件，如纽扣等，易被婴幼儿吸入鼻孔、口中。为了保证婴幼儿及儿童的安全，需对附件的抗拉强力进行考核。本标准要求婴幼儿产品上，不宜使用<3 mm的附件，要求参照了英国BS 7907：2007《促进儿童服装机械安全的设计和生产规范》对附件的抗拉强力分档规定了具体指标。

4.1 婴幼儿纺织产品上，不宜使用的附件，可能被婴幼儿抓起咬住的各类附件抗拉强力应符合表3-6要求。对于最大尺寸<3 mm，或者无法夹持（夹持时附件发生变形或损伤）的附件，考核附件洗涤后的变化。

表3-6 附件的要求

附件的最大尺寸 /mm	抗拉强力 /N ≥
>6	70
3～6	50
≤3	—

4.2 婴幼儿及儿童纺织产品所用附件不应存在可触及的锐利尖端和锐利边缘。

4.3 有关儿童服装绳带要求，国内现行的标准有：GB/T 22705—2019《童装绳索和拉带安全要求》、GB/T 22704—2019《提高设计安全性的儿童服装设计和生产实施规范》、GB/T 23155—2008《进出口儿童服装绳带安全要求及测试方法》，前三项推荐性标准分别采标 ASTM（国际材料试验协会标准）、EN（欧洲标准）和 BS（英国标准），本标准内容与 GB/T 23155 基本一致。通过分析国内外法规和标准中的条款及我国出口产品由于绳带问题被召回和通报的案例，本标准将婴幼儿及儿童绳带的要求进行了归纳总结，分成两个年龄段对服装上的绳带提出要求，该要求主要应在产品设计开发时注意把关。婴幼儿及儿童服装的绳带要求应符合表 3-7 要求。非纺织附件的其他要求需符合国家相关法规和强制性标准。

表 3-7 绳带要求

序号	婴幼儿及 7 岁以下儿童服装	7 岁及以上儿童服装
1	头部和颈部不应有任何绳带	头部和颈部调整服装尺寸的绳带不应有自由端；其他绳带不应有长度超过 75 mm 的自由端；当服装平摊至最大尺寸时不应有突出的绳圈；当服装平摊至合适的穿着尺寸时突出的绳圈周长不应超 150 mm；除肩带和颈带外，其他绳带不应使用弹性绳带
2	肩带应是固定的、连续且有自由端的。肩带上的装饰性绳带不应有长度超过 75 mm 的自由端或周长超过 75 mm 的绳圈	—
3	固着在腰部的绳带，从固着点伸出的长度不应超过 360 mm，且不应超出服装底边	固着在腰部的绳带，从固着点伸出的长度不应超过 360 mn
4	短袖袖子平摊至最大尺寸时，袖口处绳带的伸出长度不应超过 75 mm	短袖袖子平摊至最大尺寸时，袖口处绳带的伸出长度不应超过 140 mm
5	除腰带外，背部不应有绳带伸出或系着	
6	长袖袖口处的绳带扣紧时应完全置于服装内	
7	长至臀围线以下的服装，底边处的绳带不应超出服装下边缘。长至脚踝处的服装，底边处的绳带应该完全置于服装内	
8	除了第 1 项~第 7 项以外，服装平摊至最大尺寸时，伸出的绳带长度不应超过 140 mm	
9	绳带的自由末端不允许打结或使用立体装饰物	
10	两端固定且突出的绳圈的周长不应超过 75 mm；平贴在服装上的绳圈（例如，串带）其两固定端的长度不应超过 75 mm	

5. 其他要求

5.1 婴幼儿及儿童纺织产品的包装中不应使用金属针等锐利物。

5.2 婴幼儿及儿童纺织产品上不允许残留金属针等锐利物。

5.3 对于缝制在可贴身穿着的婴幼儿服装上的耐久性标签，应置于不与皮肤直接接触的位置。

（四）与校服技术要求异同点

（1）婴幼儿及儿童纺织产品的面料、里料、附件所用织物应符合 GB 18401—2010《国家纺织产品基本安全技术规范》中对应安全技术类别的要求。而 GB/T 31888—2015《中小学生校服》规定的甲醛含量、pH 值、可分解致癌芳香胺染料、异味的要求对应符合 GB 31701—2015《婴幼儿及儿童纺织产品安全技术规范》的 B 类要求，耐水、耐汗渍、耐湿摩擦要求均对应达到 GB 31701 的 A 类要求，耐干摩擦高于 GB 31701 的 B 类要求，介于 A 类和 B 类之间。

（2）一般安全要求和内在质量方面，GB/T 31888—2015《中小学生校服》要求燃烧性能、附件锐利性、绳带、残留金属针应按 GB 31701 执行，两者技术要求一致。

（3）GB/T 31888—2015《中小学生校服》标准还规定了配饰应符合 GB 18401 B 类要求和 GB 31701 的锐利性要求。

三、消费品使用说明第 4 部分：纺织品和服装

产品使用说明是产品质量的重要构成部分。GB 5296.4—2012《消费品使用说明第 4 部分：纺织品和服装》是国家强制性标准，因此，纺织品、服装产品使用说明的检查也是纺织服装常规检验项目之一。

（一）术语与定义

使用说明：向使用者传达如何正确、安全使用产品以及与之相关的产品功能、基本功能、特性的信息。通常以使用说明书、标签、铭牌等形式表达。

纺织品：以天然纤维和化学纤维为主要原料，经过纺、织、染等加工工艺或再经缝制、复合等工艺而制成的产品，如纱线、织物及其制成品。

服装：穿于人体起保护和装饰作用的制品。

耐久性标签（俗称洗水唛）：永久附着在产品上，并能在产品的使用过程中保持清楚易读的标签。

(二)要求标注的内容和检查注意事项

1. 制造者的名称和地址

应标明纺织品和服装承担法律责任的制造者依法登记注册的名称和地址。

进口纺织品和服装应标明该产品的原产地(国家或地区)以及代理商或进口商或销售商在中国大陆依法登记注册的名称和地址。

本条要求主要意义在于明确产品质量的法律责任主体。目前服装行业普遍存在的是品牌公司创建品牌、设计和营销,代工厂进行生产加工,服装品牌公司应视为服装制造者,不必要求标注代工厂的名称和地址。

原产地只对进口产品做出要求,标注原产地国家或地区名称。我国台湾、香港、澳门属于独立的经济体,从这些地区进口的产品也应标注原产地和在国内的经销代理商名称和地址。不要求国内生产的产品标注产地。

应标注详细的通讯地址,一般来说城市的地址应具体到门牌。但是没有门牌是否应判为地址不详细,需要进行判断才能确定。目前有很多地方确实是没有编制门牌的,特别是小城市和乡镇地区。

2. 产品名称

产品应表明产品的真实属性,并符合下列要求。

国家标准、行业标准对产品名称有规定的,应采用国家标准、行业标准规定的名称。

国家标准、行业标准对产品名称没有规定的,应使用不会引起消费者误解和混淆的常用名称。

标准对产品名称有规定的,指的是标准条文对产品名称做出的规范性规定,不应与国家标准、行业标准的标准名称本身相混淆。目前未见有对产品名称进行规范性规定的纺织品、服装产品国家标准和行业标准。

理解的重点是标注的产品名称是否表明了产品的真实属性。

3. 产品号型和规格

纺织品的号型或规格的标注应符合有关国家标准、行业标准的规定。

纱线应至少标明产品的一种主要规格,例如:线密度、长度或重量等;

织物应至少标明产品的一种主要规格,例如:面密度、密度或幅宽等;

床上用品、围巾、毛巾、窗帘等制品应标明产品的主要规格,例如:长度、宽度、重量等;

服装类产品宜按 GB/T 1335 或 GB/T 6411 表示服装号型的方式标明产品的适穿范围,针织类服装也可标明产品长度或产品围度等;

袜子应标明袜号或适穿范围,连裤袜应标明所适穿的人体身高和臀围的范围；

帽类产品应标明帽口的围度尺寸或尺寸范围；

手套应标明适用的手掌长度和宽度；

其他纺织品应根据产品的特征标明其号型或规格。

使用说明标注的号型或规格与产品实际的尺寸明显不相符的，可以判定此项标注不正确，建议校服生产企业在成品规格尺寸检验中考虑测量号型或规格与实物尺寸的相符性。

针织服装由于面料伸缩变形等方面与机织面料明显不同，所以几个相关的产品标准规定可以采用 GB/T 6411—2008《针织内衣规格尺寸系列》标准标注号型。GB/T 6411 与 GB/T 1335.2～1335.3 的主要区别是，针织号型没有体形代号，号型采用规定系列进行分档。

4. 纤维成分和含量

产品应按 GB/T 29862—2013《纺织品纤维含量的标识》的规定标明其纤维的成分及含量。皮革服装应按 QB/T 2262—1996《皮革工业术语》标明皮革的种类名称。GB/T 29862 规定了纺织品纤维含量的标注要求、标注原则、表示方法、允许偏差及标识判定等方面的要求。所有在国内销售的纺织品，其纤维含量的标注都必须符合该标准的相关要求。

5. 洗涤方法

应按 GB/T 8685—2008《纺织品和服装使用说明的图形符号》规定的图形符号表述洗涤方法，可同时加注与图形符号相对应的简单说明性文字。

当图形符号满足不了需要时，可用简练文字予以说明，但不得与图形符号含义的注解并列。

使用通用的、标准化的图形符号进行指引往往比文字简洁明了，是国际通用做法和流行趋势，广泛运用于社会的各领域，如交通指引标志、公共场所的各种指引标志。纺织品服装产品洗涤维护普遍采用图形符号。需要注意的是标准规定图形符号可加注说明性文字，而不是要求加注。如果标识中加注了图形符号含义的文字说明，应与图形文字的实际含义相对应。不推荐附加使用文字说明，理由是标准规定使用符号而非文字说明，标注文字说明会增加标注错误的概率。

GB/T 8685 标准简介：

基本图形符号 5 个：水洗 ⌴, 漂白 △, 干燥 □, 熨烫 ⌁, 专业维护 ○。

具体描述符号：

不允许处理符号：✘ 在基本图形符号上叠加这个符号表示不允许进行符

号代表的处理程序。

缓和处理：━ 在基本图形符号下面加一条横线与没加横线相应符号相比，该程序的处理条件较为缓和，例如减少搅拌。

非常缓和处理：═ 在基本图形符号下面加两条横线表示处理条件应更加缓和，例如进一步减少搅拌。

处理温度：30、40、50、60、70 和 95 数字与水洗符号一起使用表示洗涤的摄氏温度。在熨烫和干燥图形符号中使用圆点表示程序的温度，其中熨烫：一个点表示最高 110℃，两个点表示最高 150℃，三个点表示最高 200℃。翻转干燥符号中一点表示出风口最高温度 60℃，两点表示出风口最高温度 80℃。

（1）符号的应用

符号应尽可能地直接标注在制品上或标签上，在不适当的情况下，也可仅在包装上标明。应使用适当的材料制作标签，该材料能承受标签上标明的维护处理程序。标签和符号应足够大，以使符号易于辨认，并在制品的整个寿命期内保持易于辨认。标签应永久地固定在纺织产品上，且符号不被掩藏，使消费者可以很容易地发现和辨认。

（2）符号的用法

符号应按水洗、漂白、干燥、熨烫和专业维护的顺序排列。应使用足够的和适当的符号，以维护制品而不造成不可恢复的损伤。

需要说明的是，并不要求五种符号一定要标注齐全。但是，如果某种符号没有标注，如未标注专业维护（干洗）符号，则相当于默认可以承受任何干洗处理程序，如果制品不可干洗，需标注"不可干洗"符号。

6. 执行的标准

应标明所执行的产品国家标准、行业标准或企业标准的编号。

按照我国的标准体制，强制性标准是强制执行的，所以没有必要在产品使用说明明示强制性标准编号，例如 GB 18401 标准（但是产品使用说明上必须按 GB 18401 标准要求标注产品安全类别）。

7. 安全类别

应根据 GB 18401 标明产品的安全类别。标准中规定，产品按最终用途分为以下 3 种类型：

A 类婴幼儿纺织产品；

B 类直接接触皮肤的纺织产品；

C 类非直接接触皮肤的纺织产品。

8. 使用和贮藏条件的注意事项

使用不当,容易造成产品本身损坏的产品,应标明使用注意事项。有贮藏要求的产品应简要标明贮藏方法。

本条要求较少应用,检测机构不应根据自己的主观判断对本条进行检查且判定标识不合格。推荐的做法是不对本条进行检查。

使用注意事项方面,某些产品标准有规定应按产品标准标注。例如丝绸服装标准规定,轻薄类和烂花类产品可不考核缝口纰裂程度,但应在产品使用说明中明示相关注意事项警示用语。

天然纤维素纤维容易霉变,天然丝、毛产品容易遭受虫蛀,严格意义上来说应标明贮藏注意事项。

2012版的GB 5296.4较1998版减少了产品等级、合格证、产品使用期限三项内容,但建议企业继续标注,因为《中华人民共和国产品质量法》第二十七条有相应的规定,如果不标注也是违法行为。

(三)产品使用说明的形式

① 根据产品的特点采用以下形式:
直接印刷或织造在产品上的使用说明;
固定在产品上的耐久性标签;
悬挂在产品上的标签;
悬挂、粘贴或固定在产品包装上的标签;
直接印刷在产品包装上的使用说明;
随同产品提供的资料等。

② 产品的号型或规格、纤维成分和含量、洗涤方法等内容应采用耐久性标签标注。其中采用原料的成分和含量、洗涤方法宜组合标在一张标签上,如采用耐久性标签对产品的使用有影响时,例如布匹、绒线和缝纫线、袜子等产品,则可不采用耐久性标签。

③ 如果产品被包装、陈列或卷折,消费者不易发现产品本身上使用说明标注的信息,则还应采取其他形式的使用说明标注该信息。

④ 当几种形式的使用说明同时出现时,应保证其内容的一致性。

产品使用说明的形式关注的重点是产品号型或规格、纤维成分含量、洗涤方法三项是否采用耐久性标签标注。除非不适宜使用耐久性标签,否则如果未采用耐久性标签标注这三项,则可判定为不合格。需要注意的是,耐久性标签标注了这三项内容后,其他形式的标签可不标注。其他内容不要求采用耐久性标签标注。当需要标注的内容在耐久性标签和其他形式的使用说明上同时标注时，应保证内容相一致，不一致时可判定为不合格。

（四）使用说明的安放位置

① 使用说明应附在产品上或包装上的明显部位或适当部位。
② 使用说明应按单件产品或销售单元为单位提供。

允许按销售单元提供使用说明，如整包售卖的袜子、内裤等，不要求每对（条）单件产品都有使用说明。

第三节
针织学生服

国家质检总局和国家标准化委员会于2009年4月21日发布了GB/T 22854—2009《针织学生服》标准，并于2009年12月1日实施。本章将重点介绍针织学生服及其与中小学生校服的技术要求比较。

一、范围

标准适用于鉴定以针织物为主要原料成批生产的学生服产品。
标准规定了针织学生服的号型、要求、检验规则、判定规则、产品使用说明、包装、运输和贮存。

二、号型

标准规定了针织学生服号型设置按GB/T 1335或GB/T 6411规定选用执行。号型要用净身高或净胸围，净身高或净腰围用来分别表示上衣或裤子的号型，否则，其产品的使用说明就不符合GB 5296.4标准要求，会导致产品使用说明不合格。

三、要求

1. 要求内容

要求分为内在质量和外观质量两个方面。内在质量包括顶破强力、接缝强力、水洗尺寸变化率、水洗后扭曲率、耐皂洗色牢度、耐汗渍色牢度、耐摩擦色牢度、耐光汗复合色牢度、耐水色牢度、耐光色牢度、印花耐皂洗色牢度、印花耐摩擦色牢度、起球、甲醛含量、pH值、可分解芳香胺染料、异味、纤维含量、拼接互染程度等指标。外观质量包括表面疵点、规格尺寸偏差、本身尺寸差异、缝制规定等指标。

2. 分等规定

针织学生服的质量等级分为优等品、一等品和合格品。针织学生服的质量定等：内在质量按批以最低一项评等，外观质量按件以最低一项评等，两者结合以最低等级定等。

3. 内在质量要求

内在质量要求见表3-8。色别分档按 GSB 16—2159—2007《针织产品标准深度样卡》，＞1/12 标准深度为深色，＜1/12 标准深度为浅色。

表 3-8　内在质量要求

项目		优等品	一等品	合格品
顶破强力 /N ≥		180		
接缝强力 /N ≥	裤后裆缝	140		
水洗尺寸变化率 /%	直向	−4.0～+2.0	−5.5～+3.0	−6.5～+3.0
	横向	−4.0～+2.0	−5.5～+3.0	−6.5～+3.0
水洗后扭曲率 /% ≤	上衣	5	6	7
	裤子	1.5	2.5	3
耐皂洗色牢度 / 级 ≥	变色	4	3～4	3
	沾色	4	3～4	3
耐汗渍色牢度 / 级 ≥	变色	4	3～4	3
	沾色	4	3～4	3
耐水色牢度 / 级 ≥	变色	3～4	3	3
	沾色	3～4	3	3
耐摩擦色牢度 / 级 ≥	干摩	4	3～4	3
	湿摩	3	3（深色 2～3）	2～3

续表

项目		优等品	一等品	合格品
印花耐皂洗色牢度/级≥	变色	3~4	3	3
	沾色	3~4	3	3
印花耐摩擦色牢度/级≥	干摩	3~4	3	3
	湿摩	3	2~3	2
耐光色牢度/级≥		4	4（浅色3）	3
耐光、汗复合色牢度（碱性）/级≥		3~4	3	2~3
起球/级≥		4	3.5	3
甲醛含量/mg·kg^{-1}		按 GB 18401 规定执行		
pH 值				
异味				
可分解芳香胺染料/mg·kg^{-1}				
纤维含量（净干含量）/%		按 GB/T 29862 规定执行		
拼接互染程度/级≥		4~5	4	3~4

① 顶破强力

顶破强力是满足产品服用性能的最低要求，以保证消费者能正常使用，也是针织学生服要考核的重要指标，标准要求针织学生服不论是优等品、一等品或合格品，顶破强力皆不低于 180 N。

② 接缝强力

接缝强力是考核裤后裆缝的缝制质量的指标。裤后裆缝是裤子的一个主要受力部位，需要承受一定的强力，才能达到服用效果。标准要求针织学生服的裤后裆缝接缝强力至少要达到 140 N（不分等级）。

③ 水洗尺寸变化率

服装经洗涤后其尺寸的变化将很大程度影响消费者的服用效果，针织学生服水洗尺寸变化率是以直向和横向为依据分别考核的。弹性织物产品不考核横向水洗尺寸变化率，短裤不考核水洗尺寸变化率。

④ 水洗后扭曲率

服装经水洗后扭曲变形，直接影响产品的外观和服用效果，这也是用户比较关注的问题。标准中要求针织学生服水洗后扭曲率以上衣和裤为依据，分等级分别考核。夹克式学生服上衣不考核水洗后扭曲率。

⑤ 起球

起球对服装的外观效果影响很大。它是服装在实际穿着过程中，由于受外部摩擦，表面纤维磨断或钩出起毛，进而互相纠缠成球。采用的原料不同，其起球的程度各异。磨毛、起绒类产品不考核起球。

⑥ 色牢度要求

色牢度是反映服装品质的一项重要指标，标准除了考核耐皂洗色牢度、耐摩擦色牢度、耐汗渍色牢度等这些常规项目外，还重点考核了印花耐皂洗色牢度、印花耐摩擦色牢度、拼接互染程度。针织学生服涂料印花色牢度差，会造成消费者在使用后服装出现褪色、沾色的质量问题，增加印花色牢度的考核，可以避免商家过分注重利益，而忽略产品的质量。此外，拼接互染程度的指标考核可避免经销商由于过分追求外观上的新颖，用各种拼接来提高服装的外观效应，使服装面料拼接搭配不当，造成洗涤后出现严重的沾色现象。拼接互染程度只考核深色与浅色相拼接的产品。耐光、汗复合色牢度只考核 B 类（直接接触皮肤）产品。

⑦ 安全项目

标准规定针织学生服在甲醛、pH 值、异味、可分解芳香胺染料等安全项目上要达到一定的技术要求。

印染助剂或一些树脂整理剂中常含有甲醛，如果纺织品的后处理过程不适当或清洗不完全，含有超标甲醛的纺织品在穿着时就会逐渐释放出游离的甲醛，可能引起急性眼疾或呼吸道及皮肤类疾病，甚至可诱发癌症；而穿着 pH 值过高或过低的服装，有可能破坏人体皮肤的弱酸性环境，导致接触性皮炎等疾病；异味是指霉味、石油味、鱼腥味、芳香烃类味，如果穿着服装带有与纺织品无关的这些气味，表明含有过量化学品残留物，可能会危害健康。

针织学生服标准对产品内在质量要求和规定，它一方面保护了消费者合法权益，另一方面对于规范企业生产，提高产品档次具有重要的指导意义。

4. 外观质量要求

外观质量是对服装外观效果评价的重要指标。标准外观质量要求除了常规的缝制质量、尺寸一致性及部位间尺寸关系外，还特别增加了对外观疵点的细化考核。标准不仅对毛丝、色差、大肚纱、修补痕迹、锁眼等常规疵点进行了分等考核，还对拉链拉脱、烫黄、烫焦、钉扣不牢、丢失扣子、错标、缺件等方面疵点进行考核。拉链、纽扣虽是服装上的小件物品，但和消费者的使用密切相关，若拉链损坏、纽扣脱落，会给使用者带来诸多不便。因此，标准在外观质量方面的细化和严格考核，符合市场流通需求，并更多考虑和兼顾用户利益，也便于检测工作的进行。

5. 使用说明

产品使用说明应符合国家强制性标准 GB 5296.4 规定。供应商明示给消费者产品的吊牌上要注明生产企业的名称和地址、产品名称、产品号型和规格、执行的产品标准、质量等级、产品检验合格证明等。对某些特殊产品，还要标明使用期限和贮藏事宜等，耐久性标签要注明纤维含量、洗涤方法和号型。不论是吊牌还是耐久性标签的内容都要规范、准确，以完整体现产品使用性能所达到的品质要求及规范标识的内容，分清用户和生产者的责任，这样既可督促企业提高产品档次，又可保护消费者的利益。

四、与中小学生校服技术要求异同点

中小学生校服指标水平与现行针织学生服标准的一等品指标相当，部分指标达到了优等品水平。GB/T 22854—2009《针织学生服》和 GB/T 31888—2015《中小学生校服》相对应的技术要求比较如表 3-9 所示。

表 3-9　针织学生服与中小学生校服技术要求差异

项目		优等品	一等品	合格品	GB/T 31888	比较
顶破强力 /N		180			250	低于
接缝强力 /N ≥	裤后裆缝	140			140	一致
水洗尺寸变化率 /%	直向	−4.0~+2.0	−5.5~+3.0	−5.5~+3.0	长、宽 −4.0~+2.0	优等品
	横向	−4.0~2.0	−5.5~+3.0	−6.5~+3.0		
水洗后扭曲率 /%	上衣	5	6	7	5	优等品
	裤子	1.5	2.5	3	2.5	一等品
耐皂洗色牢度 /级 ≥	变色	4	3~4	3	3~4	一等品
	沾色	4	3~4	3	3~4	
耐汗渍色牢度 /级 ≥	变色	4	3~4	3	3~4	一等品
	沾色	4	3~4	3	3~4	
耐水色牢度 /级 ≥	变色	3~4	3	3	3~4	优等品
	沾色	3~4	3	3	3~4	
耐摩擦色牢度 /级 ≥	干摩	4	3~4	3	3~4	一等品
	湿摩	3	3（深色 2~3）	2~3	3	

续表

项目		优等品	一等品	合格品	GB/T 31888	比较
印花耐皂洗色牢度/级≥	变色	3~4	3	3	3~4	一等品
	沾色	3~4	3	3	3~4 等	
印花耐摩擦色牢度/级≥	干摩	3~4	3	3	3~4	一等品
	湿摩	3	2~3	2	3~4	
耐光色牢度/级≥		4	4（浅色3）	3	4	一等品
耐光、汗复合色牢度（碱性）/级≥		3~4	3	2~3	3~4	优等品
起球/级		4	3.5	3	3~4	一等品
甲醛含量/mg·kg^{-1}		按 GB 18401 规定执行			按 GB 18401 规定 B 类执行	B 类
pH 值						
异味						
可分解芳香胺染料/mg·kg^{-1}						
纤维含量（净干含量）/%		符合 GB/T 29862 要求				
拼接互染程度/级≥		4~5	4	3~4	—	—

同时中小学生校服标准还规定产品应符合 GB 18401 规定 B 类和部分检测项目应符合 GB 31701 规定要求。因而，从构筑中小学生校服质量的安全防线角度来看，现行 GB/T 22854—2009《针织学生服》已经很难满足《关于进一步加强中小学生校服管理工作的意见》要求，即校服安全与质量应符合 GB 18401—2010《国家纺织产品基本安全技术规范》、GB 31701《婴幼儿及儿童纺织产品安全技术规范》、GB/T 31888—2015《中小学生校服》等国家标准要求。如果现有 GB/T 22854—2009《针织学生服》要作为生产中小学生校服的标准，必须要求产品达到一等品以上要求，并且必须同时满足 GB 18401 规定 B 类、GB 31701 和 GB/T 31888 标准要求。

GB/T 31888—2015《中小学生校服》已作为中小学生校服产品质量的入门标准，因而建议采购单位或部门在今后进行中小学生校服招标采购时，一定要在采购要求和合同中标明校服执行标准。

第四节
机织学生服

国家质检总局和国家标准化委员会于 2009 年 3 月 19 日发布了 GB/T 23328—2009《机织学生服》国家标准，并于 2010 年 1 月 1 日起实施，该标准是首次发布实施。本章节将重点介绍机织学生服及其与中小学生校服的技术要求比较。

一、范围

标准规定了机织学生服的要求、检测方法、检验分类规则以及标志、包装、运输和贮存等技术特征；标准适用于以纺织机织物为主要面料生产的学生服。

二、要求

要求包括外观质量和理化性能。

1. 外观质量检验

外观质量包括使用说明、号型规则、原材料、对条对格、拼接、色差、外观疵点、缝制、规格尺寸允许偏差、整烫外观等。在外观检验中，对原料的衬布要求增加了与面料性能、色泽相近的规定，缝线绣花线增加了缩率应与面料相近的规定。纽扣更突出了安全性能，强调了外表光滑、无利边利角，符合童装安全性能的要求，对低年级小学生尤其适用。

2. 理化性能检验

（1）尺寸变化率

水洗尺寸变化率按表 3-10 规定。

表 3-10　水洗尺寸变化率单位

部位	名称	优等品	一等品	合格品
领大		≥-1.0	≥-1.5	≥-2.0	只考核关门领
胸围		≥-1.5	≥-2.0	≥-2.5	—
衣长		≥-1.5	≥-2.5	≥-3.5	
腰围		≥-1.0	≥-1.5	≥-2.0	
裤长		≥-1.5	≥-2.5	≥-3.5	
裙长		≥-1.5	≥-2.5	≥-3.5	—

学生处于生长发育阶段，下装的缩水过大比上装情况更为严重，因而标准中水洗尺寸变化率注重强调了腰围、裤长、裙长指标。

（2）色牢度

里料的耐干摩擦色牢度不低于3~4级，耐洗沾色色牢度不低于3级。绣花线耐洗沾色色牢度不低于3级。标准加强了对里料和绣花线的考核。里料如果为直接接触皮肤类，染料容易脱色会对学生的健康产生影响，绣花线易掉色，洗涤时会沾污面料。面料的色牢度允许程度按表3-11规定。

表 3-11　面料的色牢度允许程度　　　　　　　单位：级

项目		色牢度允许程度		
		优等品	一等品	合格品
耐洗色牢度	变色	≥4	≥3~4	≥3
	沾色	≥4	≥3~4	≥3
耐汗渍色牢度	变色	≥4	≥3~4	≥3
	沾色	≥4	≥3~4	≥3
耐摩擦色牢度	干摩	≥4	≥3~4	≥3
	湿摩	≥4	≥3~4（深色3）	≥3（深色2~3）
耐水色牢度	变色	≥4	≥3~4	≥3
	沾色	≥4	≥3~4	≥3
耐光色牢度	变色	≥4	≥3~4	≥3

按 GB/T 4841.3—2006《染料染色标准深度样卡》规定，颜色大于 1/12 染料染色标准深度为深色，颜色小于等于 1/12 染料染色标准深度为浅色。对深色产品的一等品、合格品耐湿摩擦色牢度的要求允许降半级，即深色的一

等品可从＞3～4级降低为＞3级，深色的合格品可从＞3级降低为＞2～3级，这更符合实际检验结果，也与其他产品标准趋于一致。一般分散染料染色的纯涤纶面料耐湿摩擦色牢度能达到标准要求，但是GB/T 23328标准间接规定了直接接触皮肤类产品不能用纯涤纶面料，要用价格较高的混纺面料以达到回潮率的要求，因而降低耐湿摩擦色牢度指标是受新规定回潮率指标影响。

（3）起毛起球

成品起毛起球允许程度按表3-12规定。磨毛、起绒类产品不考核起毛起球。

表3-12 成品起毛起球允许程度　　　　单位：级

产品等级	起毛起球允许程度
优等品、一等品	≥4
合格品	≥3

（4）纰裂和裤后裆缝接缝强力

面密度50 g/m² 以下的面料制作的成品的缝子纰裂合格品允许程度不大于0.8 cm。其他成品主要部位的缝子纰裂合格品允许程度不大于0.6 cm。裤后裆缝接缝强力面料要求不小于140 N，里料不小于80 N。

（5）回潮率

主面料的回潮率按表3-13规定，但只考核GB 18401规定的直接接触皮肤类产品。

表3-13 回潮率

产品等级	回潮率/%
优等品	≥5.0
一等品	≥3.0
合格品	≥1.0

大多数校服生产厂家是规模不大的小工厂，春秋季服装及夏季的下装多采用不易变形、耐磨、耐洗、不易脱色的涤纶（聚酯纤维）等化纤面料，导致对皮肤无亲和性，不吸汗透气，易产生静电，严重的还会导致皮肤过敏。标准规定将合格品的回潮率要求控制在1%以上，而涤纶的回潮率仅仅在0.4%，这样就间接决定了夏季及春秋季贴身单装不能用纯涤纶面料，从而保证了学生服的穿着舒适性。

（6）纤维成分和含量

纤维成分和含量按 GB/T 29862 的规定。

（7）基本安全要求

成品的甲醛含量、pH 值、异味和可分解芳香胺染料按 GB 18401 规定。

三、与中小学生校服技术要求异同点

中小学生校服指标水平与现行机织学生服标准的一等品指标相当，部分指标达到了优等品水平，如耐光色牢度，仅耐摩擦（湿摩）色牢度为合格品水平。因而如同针织学生服所述，从构筑中小学生校服质量的安全防线角度来看，现有 GB/T 23328—2009《机织学生服》也很难满足四部委《关于进一步加强中小学生校服管理工作的意见》要求。如果现有 GB/T 23328—2009《机织学生服》要作为生产中小学生校服的标准，必须要求产品达到一等品以上要求，并且必须同时满足 GB 18401 规定 B 类、GB 31701 和 GB/T 31888 标准要求。因而，建议采购单位在今后进行中小学生校服招标采购时，一定要在采购合同中标明校服执行标准。

第五节
儿童服装、学生服

国家经济贸易委员会于 2003 年 2 月 4 日发布了 FZ/T 81003《儿童服装、学生服》行业标准，并于 2003 年 7 月 1 日起实施。本节仅重点介绍儿童服装、学生服的范围与要求。

一、范围

标准规定了儿童服装、学生服的要求，检验（测试）方法，检验分类规则，以及标志、包装、运输和贮存等全部技术特征。

标准适用于以纺织织物为原料，成批生产的儿童服装、学生服装等。

二、要求

1. 使用说明

使用说明按 GB 5296.4 的规定执行。

2. 号型

号型设置按 GB/T 1335.1～1335.3 的规定选用。成品主要部位规格按 GB/T 1335.1～1335.3 的有关规定自行设计。

3. 原材料

（1）面料

按有关纺织面料标准选用适合于儿童服装及学生服的面料。

（2）里料

采用与所用面料性能、色泽相适合的里料，特殊需要除外。

（3）辅料

① 衬布

采用适合所用面料的衬布，其收缩率应与面料相适宜。

② 缝线

采用适合所用面料质量的缝线，装饰线除外。钉扣线应与扣的色泽相适宜。

③ 纽扣、拉链及金属附件采用适合所用面料的纽扣（装饰扣除外）、拉链及金属附件，无残疵。洗涤和熨烫不变形、不变色、不生锈。

④ 钉商标

钉商标线应与商标底色相适宜。

4. 经纬纱向技术规定

前身顺翘（不允许倒翘），后身、袖子、前后裤片允许程度按表 3-14 规定。

表 3-14 经纬纱向技术规定　　　　　　　　　　单位：%

面料	等级		
	优等品	一等品	合格品
什色≤	3	4	5
色织或印花、条格料≤	2	2.5	3

5. 对条对格规定

① 面料有明显条、格（在 1.0 cm 及以上）的按表 3-15 规定。特别设计不受此限。

表 3-15 对条对格规定

部位	对条对格规定	备注
前身	条料对条，格料对横，互差不大于 0.3 cm	格子大小不一致，以前身三分之一上部为准
袋、袋盖与前身	条料对条，格料对横，互差不大于 0.3 cm	格子大小不一致，以袋前部的中心为准
领角	条格左右对称，互差不大于 0.3 cm	阴阳条格以明显条格为主
袖子	两袖左右顺直，条格对称，以袖山为准，互差不大于 0.5 cm	—
裤侧缝	侧缝袋口下 10 cm 处格料对横，互差不大于 0.5 cm	—
前后裆缝	条格对称，格料对横，互差不大于 0.4 cm	—

② 倒顺毛（绒）、阴阳格原料，全身顺向一致（长毛原料，全身上下顺向一致）。

③ 特殊图案面料以主图为准，全身顺向一致。

6. 拼接规定

学龄前儿童服装不允许拼接，其他儿童服装、学生服部件的拼接如下：

① 领里：避开肩缝，二接一拼。

② 大衣挂面：大衣挂面下三分之一处避开眼位二接一拼。

③ 袖子：单片袖拼角，不大于袖围的四分之一。

④ 腰头：只允许在裤后裆缝处。

装饰性拼接除外。

7. 色差规定

成品的领面、袋与大身、裤侧缝色差高于 4 级，其他表面部位不低于 4 级。套装中上装与裤子的色差不低于 4 级。

8. 外观疵点规定

成品各部位的疵点按表 3-16 规定，各部位划分见图 3-1。每个独立部位只允许疵点一处，未列入本标准的疵点按其形态，参照表 3-16 相似疵点执行。

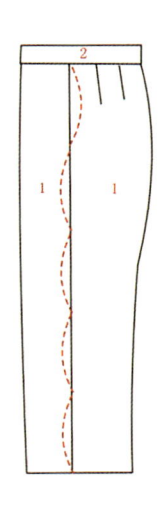

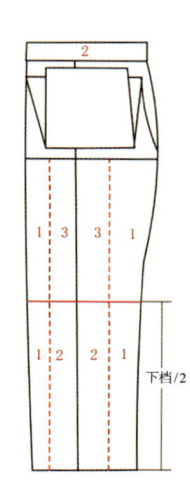

图 3-1　成品各部位划分

表 3-16　外观疵点规定

疵点名称	各部位允许存在程度		
	1号部位	2号部位	3号部位
粗于二倍粗纱3根	不允许	长1~3 cm	长3~6 cm
粗于三倍粗纱4根	不允许	不允许	长小于2.5 cm
经缩	不允许	不明显	长4 cm，宽小于1 cm
颗粒状粗纱	不允许	不允许	不影响外观
色档	不允许	不影响外观	轻微
斑疵（油、锈、色斑）	不允许	不影响外观	不大于0.2 cm^2

9. 缝制规定

① 针距密度按表 3-17 规定。

表 3-17　针距密度

项目		针距密度	备注
明暗线		3 cm 10~14 针	特殊需要除外
包缝线		3 cm 不少于 9 针	—
手工线		3 cm 不少于 7 针	肩缝、袖隆、领子不少于9针
三角针		3 cm 不少于 5 针	以单面计算
锁眼	细线	1 cm 不少于 12 针	—
	粗线	1 cm 不少于 9 针	—

续表

项目	针距密度		备注
钉扣	细线	每孔不少于 8 根线	缠脚线高度与止口厚度相适应
	粗线	每孔不少于 4 根线	

② 各部位的缝缝不小于 0.8 cm。缝制线路顺直、整齐、平服、牢固，起落针处应有回针。

③ 绱领端正，领子平服，领面松紧适宜。

④ 绱袖圆顺，两袖前后基本一致。

⑤ 滚条、压条要平服，宽窄一致。

⑥ 袋布的垫料要折光边或包缝。

⑦ 袋口两端牢固，可采用套结机或平缝机回针。

⑧ 袖窿、袖缝、摆缝、底边、袖口、挂面里口等部位要叠针。

⑨ 锁眼定位准确，大小适宜，扣与眼对位整齐。纽脚高低适宜，牢固，线结不外露。

⑩ 商标、号型标志、成分标志和洗涤标志位置端正、清晰准确。

⑪ 成品各部位缝纫线迹 30 cm 内不得有两处单跳和连续跳针，链式线迹不允许跳针。

10. 成品主要部位规格极限偏差

成品主要部位规格极限偏差按表 3-18 规定。

表 3-18 成品主要部位规格极限偏差　　　　　　　　单位：cm

部位名称		允许偏差
衣长		±1.0
胸围		±1.5
领大		±0.6
总肩宽		±0.6
袖长	装袖	±0.6
	连肩袖	±1.0
裤长		±1.0
腰围		±0.7（5·2 系列）

11. 整烫外观规定

① 各部位熨烫平服、整洁，无烫黄、水渍、亮光。

② 使用黏合衬部位不允许脱胶、渗胶及起皱。

12. 理化性能要求

① 成品主要部位干洗后缩率按表 3-19 规定。

表 3-19　成品主要部位干洗后缩率　　　　　　单位：%

部位名称	干洗后缩率
衣长	≤ 1.0
胸围	≤ 0.8

② 成品干洗后起皱级差按表 3-20 规定。

表 3-20　成品干洗后起皱级差　　　　　　单位：级

干洗后起皱级差		
优等品	一等品	合格品
> 4	4	≥ 3

③ 成品主要部位的缩水率按表 3-21 规定。

表 3-21　成品主要部位的缩水率　　　　　　单位：%

部位名称	优等品	一等品	合格品
领大	≤ 1.0	≤ 1.5	≤ 2.0
胸围	≤ 2.0	≤ 2.5	≤ 3.0
衣长			

④ 覆黏合衬部位剥离强度＞6 N/（2.5 cm×10 cm）。

⑤ 起毛起球允许程度按表 3-22 规定。

表 3-22　起毛起球允许程度　　　　　　单位：级

项目	起毛起球允许程度	
	优等品	一等品、合格品
梢梳（绒面）≥	4	3
精梳（光面）≥	5	4
粗梳≥	4	3

⑥ 色牢度允许程度按表 3-23 规定。

表 3-23 色牢度允许程度　　　　　　　　　　单位：级

项目		色牢度允许程度		
		优等品	一等品	合格品
耐洗≥	变色	4	3~4	3
	沾色	4	3~4	3
耐干洗≥	变色	4~5	4	3~4
	沾色	4~5	4	3~4
耐干摩擦≥	沾色	4	3~4	3
耐湿摩擦≥	沾色	4	3~4	3
耐汗渍≥	变色	4	3~4	3
	沾色	4	3~4	3
耐光≥	变色	4	3~4	3
耐唾液≥（两周岁及以下婴幼儿服装）	变色	4~5	4	3~4
	沾色	4~5	4	3~4

表 3-24 主要部位缝子纰裂程度　　　　　　　　　单位：cm

等级	纰裂程度
优等品	≤0.5
一等品、合格品	≤0.6

⑦ 裤后裆缝接缝强力不小于 140 N/（5.0 cm×10 cm）。

⑧ 成品释放甲醛含量限定：婴幼儿服装（两周岁及以下）≤20 mg/kg，直接接触皮肤的服装≤75 mg/kg，非直接接触皮肤的服装在≤300 mg/kg。

⑨ 成品的 pH 值允许程度，直接接触皮肤的成品为 4.0~7.5，非直接接触皮肤的成品为 4.0~9.0。

⑩ 成品所用原料的成分和含量应与使用说明上标注的内容相符。

13. 其他

儿童服装及学生服中的衬衫、连衣裙、裙套、羽绒服装、棉服装等产品的技术要求，分别按照 GB/T 2660—2017《衬衫》、FZ/T 81004、GB/T 14272—2021《羽绒服装》、GB/T 2662—2017《棉服装》等相应产品标准执行。以上标准中没有提及的技术规定内容按本标准的规定执行。

三、与中小学生校服技术要求比较

中小学生校服技术指标水平与现行儿童服装、学生服标准的一等品指标相当，部分检验参数达到优等品水平。

第六节
中小学生交通安全反光校服

国家标准化管理委员会于 2012 年 6 月 29 日发布了 GB/T 28468—2012《中小学生交通安全反光校服》，并于 2012 年 12 月 1 日实施。

标准规定了中小学生交通安全反光校服的术语和定义、技术要求、试验方法以及包装和标志。标准适用于中小学生交通安全反光校服的设计、制作和检测。

一、术语和定义

交通安全反光校服：在光源照射下，具有强逆反射性能、能够显著提高穿着者存在辨识力的中小学生校服。

反光布：反光材料与纺织底料结合在一起，在光源照射下具有强逆反射性能的纺织品。

二、技术要求

1. 基本安全技术要求

基本安全技术要求应符合 GB 18401 的规定。

2. 质量要求

质量要求应符合 FZ/T 81003 或 GB/T 22854 的规定。

3. 反光布逆反射系数要求

① 反光布逆反射系数应不小于 GB 20653—2020《防护服装　职业用高可视性警服》中表 4 的要求。

② 反光布经 50 次水洗试验后，在 12′观测角、5°入射角条件下，逆反

射系数应大于 100 cd/（lx·m^2）。

③ 反光布经耐磨、屈挠、低温弯曲、温度变化试验后，在 12′观测角、5°入射角条件下，逆反射系数应大于 100 cd/（lx·m^2）。

4. 反光布的设计要求

① 部位要求

上衣的正面和背面、双袖的侧面和后面、裤子的两侧，应缝（贴）制反光布，保证在 360°范围内从任意角度均可观察到交通安全反光校服上反光布的反光。双袖反光布缝（贴）制的位置与袖口的距离应不小于 50 mm。上衣背面缝（贴）制的反光布，不应被学生书包完全遮挡。

② 宽度、长度或面积要求

反光布的宽度、长度或面积要求如下：

有效宽度应不小于 20 mm；使用条形反光布的，上衣和裤子上缝（贴）制的反光布各段长度之和应不小于裤长的 2.3 倍。其中，裤子上缝（贴）制的反光布长度之和应不小于 500 mm。使用非条形反光布的，其面积应不小于条形反光布的面积。

5. 反光布缝（贴）制要求

反光布的缝（贴）制要求如下：

① 应采用适合反光布缝制的缝线；

② 各部位反光布缝制的线路要顺直、宽窄均匀、牢固，不允许有跳针、开线和断线；

③ 反光布缝制的针距密度应符合 FZ/T 81003—2003 中 3.9.1 的规定；

④ 各部位反光布的贴制不允许有开胶、渗胶、起皱和脱落。

第七节
其他相关技术性标准

一、学生服商品验收规范

商务部于 2013 年 1 月 23 日发布了 SB/T 10956—2012《学生服商品验收规范》，并于 2013 年 9 月 1 日实施。本标准可以有效推广并运用于中小学生校服商品验收。

（一）范围

标准规定了学生服商品的营销采购管理要求、进货验收管理要求和质量验收技术要求。

标准适用于商贸企业、学校对学生服商品的进货验收管理。

（二）合同要约要求

营销企业间应签订符合法律法规规定的学生服商品采购合同文件，并约定相应的购销合同质量要约。

1. 购销合同质量要约应包括的内容

（1）数量要约

小型供货企业单品种学生服商品的周供货能力应达到50～100件（套），中型供货企业单品种学生服商品的周供货能力应达到小型供货企业2～5倍，大型供货企业单品种学生服商品的周供货能力应达到小型供货企业10倍以上。

（2）品质鉴定要约

应符合 SB/T 10579—2011《商品验货通则》中 3.1.1.2 和 SB/T 10787—2012《纺织商品验收规则》中 4.1.1.2 的要求。

（3）违约要约

应符合 SB/T 10579 中 3.1.1.3 和 SB/T 10787 中 4.1.1.3 的要求。

2. 购销合同质量要约不应包括的内容

应符合 SB/T 10579 中 3.1.2 和 SB/T 10787 中 4.1.2 的要求。

3. 购销合同质量要约宜包括的内容

应符合 SB/T 10579 中 3.1.3 和 SB/T 10787 中 4.1.3 的要求。

（三）供货能力要约要求

营销企业应对供应学生服企业的供货能力进行核对。

1. 对企业供货能力应核对的内容

——合法有效的学生服生产或经营证件。供货方为生产商，其提供的生产许可范围或批准的生产许可范围应涵盖所供货品；供货方为代理商，其提供的经营证件，应涵盖供货代理的学生服商品，并应有学生服生产者经营授权证书。

——工商营业执照。

——企业组织机构代码证。

——商标证明文件。包括但不限于：商标注册证、商标受理书、商标授权代理使用证明、商标实物标注情况。

——税务登记证。

——进口商品证明。包括但不限于：原产地证书、进口商品检验证明、进口报关完税清单。

——法律法规明确规定的其他有效证明文件。

2. 对企业供货能力宜核对的内容

——生产方式证明。如：OEM 生产方式、ODM 生产方式、自产方式。

——专利产品证明。

——商品供应能力证明资料。生产管理体系证明；对其他企业的供货证明，但不应包括数量供应上的要求；非主观活动造成的供货学生服商品质量瑕疵证明等。

——其他许可证明。如：同业规定的资质内容。

3. 对学生服应核对的特殊要求的内容

——试验报告；

——鉴定材料；

——法定检测机构出具的检验报告；

——供应能力考核报告；

——其他可证明学生服商品质量的文件性材料。

（四）学生服商品检测要约的确定

1. 检测标准的确认

应符合 SB/T 10579 中 3.3.1 和 SB/T 10787 中 4.1.1 的要求。

2. 方式的确认

应符合 SB/T 10579 中 3.3.2 和 SB/T 10787 中 4.3.2 的要求。

3. 检测机构的确认

应符合 SB/T 10579 中 3.3.3 和 SB/T 10787 中 4.3.3 的要求。

（五）商品进货验收管理要求

1. 验货要求

营销企业应对进货的学生服商品按照法律法规和合同要求进行商品质量验货。

（1）应进行外观复核性检查

① 对包装外观状况进行感官验收，并符合有关学生服产品标准。

② 抽样开包对学生服商品真实性和符合性进行感官验收。如：装箱资料、学生服商品假冒伪劣的甄别。

③ 对标识、标签与学生服商品的符合性进行核对验收。

（2）按照合同要求进行学生服商品质量要约复核评定检查

① 应符合购销合同质量要约中的数量要约和品质鉴定要约的内容。

② 适用的情况下还应符合购销合同质量要约宜包括的内容。

（3）按照合同对供应学生服商品企业的供货能力进行资料复核评定检查

① 应符合对企业供货能力应核对的内容。

② 适用的情况下还应符合对企业供货能力宜核对和对学生服应核对的特殊要求的内容。

③ 其他可证明学生服商品质量的资料，包括生产管理体系证明资料。

④ 对提供的学生服商品资料进行有效信息查询。如通过电话向执法机构查询、从网络查询或从中介机构咨询。

2. 检测验收要求

学生服商品质量检测验收应按照合同确立的标准进行。

（1）资料性验收

① 供货方应按照合同提供合法有效的学生服商（产）品质量检验合格报告。

② 质量检验合格报告的主要技术内容应涵盖国家各级学生服标准强制性要求的全部检测项目及采用或明示标准的主要检测项目。

③ 学生服商品的检测项目应符合商品质量验收技术要求。

④ 学生服商品进货验收所需的检验报告可为《中华人民共和国合同法》规定的合同检验报告；也可为《中华人民共和国计量法》规定的国家、行业和地方依法设置及授权的检测机构出具的检验报告，即可出具有计量认证标志（CMA）的检验报告（第三方检验报告）。

（2）鉴证性验收

① 自检式验收。采购方送自有实验室（第二方）进行检测，确认商品的内在质量。

② 认可式验收。采购方承认供货方提供的实验室（第一方）检测数据，以确认商品的内在质量。

③ 委托检验鉴证验收。采购方送第三方检测机构检测，确认商品的内在质量。

3. 争议检验处理

应符合 SB/T 10579 中 4.3 和 SB/T 10787 中 5.3 的要求。

4. 赠予商品的质量处置

视为独立且经检验合格的商品。

5. 符合性评定

经综合评议后。符合要求的学生服商品可进货，不符合要求的返回供货方。

6. 记录

对学生服商品进货验收的每步程序应有记录。所验收项目应记录齐全、清晰、准确，表述严谨、简练。最终记录应有验货人、复核人、批准人三级签字。对每批进货验收的程序记录应分批次归档管理，并建立进货台账。

学生服商品进货验收管理台账内容应包括：

商品名称；

商标；

——商品条码；

——货号；

——型号规格/适用年龄；

——供货单位；

——质量等级；

——商品安全类别；

——供货单位地址；

——联系人；

——商品数量；

——电话、传真；

——生产日期；

——生产单位；

——产地；

——采用原料的成分和含量；

——有效期；

——供货单位资质资料审核，包括：资质材料、审核结果；

——商品使用说明，良好状况和不良好状况的结果；

——商品外观质量，良好状况和不良好状况的结果；

——是否具有检测报告，包括：强制性标准考核指标、内在质量考核指标；

——其他证明材料；

——进货验收符合性评定；

——三级签字，包括：验货人、复核人、批准人；

——验货日期,包括:年、月、日;
——商品其他要求。

(六)商品质量验收技术要求

商品质量验收技术要求按有关标准或技术参数进行,本节不再展开说明。

二、针织儿童服装

为了规范针织儿童服装市场,更好地指导服装企业的生产和保护消费者权益,国家于2013年10月17日发布了FZ/T 73045—2013《针织儿童服装》标准,并于2014年3月1日起正式实施。标准在适用范围方面做了明确的规定,在技术指标、检验方法等方面着重于消费者的服用安全性能,符合生产生活实际,有利于引导各企业提升产品质量,保护消费者的合法权益。

(一)范围

标准适用于以针织面料为主要材料制成的3岁(身高100 cm)以上14岁以下儿童穿着的针织服装。不适用于针织棉服装、针织羽绒服装。

(二)质量要求

1. 要求内容

要求内容分为内在质量和外观质量。内在质量包括顶破强力、起球、透湿率、水洗尺寸变化率、水洗后扭曲率、洗后外观质量、耐皂洗色牢度、耐汗渍色牢度、耐水色牢度、耐摩擦色牢度、耐光色牢度、拼接互染程度、纤维含量、甲醛含量、pH值、异味、可分解致癌芳香胺染料、耐光汗复合色牢度及印(烫)、绣花耐皂洗色牢度和印(烫)、绣花耐摩擦色牢度等服用安全性指标。外观质量包括表面疵点、规格尺寸偏差、对称部位尺寸差异、缝制规定等指标。

2. 分等规定

标准质量等级分为优等品、一等品和合格品。标准质量定等:内在质量按批(交货批)评等、外观质量按件评等、两者结合以最低等级定等。

3. 内在质量要求(表3-25)

色别分档按GSB 16—2159—2007《针织产品标准深度样卡》规定执行,>1/12标准深度为深色,<1/12标准深度为浅色。

表 3-25　内在质量要求

项目		优等品	一等品	合格品
顶破强力 /N ≥		\multicolumn{3}{c}{250}		
水洗尺寸变化率 /% ≤	直向、横向	−5.0～+1.0	−6.0～+2.0	−6.0～+3.0
水洗后扭曲率 /%	上衣	4	5	6
	裤子	2	3	4
耐皂洗色牢度 /级 ≥	变色	4	3～4	3
	沾色	4	3～4	3
耐汗渍色牢度 /级 ≥	变色	4	3～4	3
	沾色	4	3～4	3
耐水色牢度 /级 ≥	变色	4	3～4	3
	沾色	4	3～4	3
耐摩擦色牢度 /级 ≥	干摩	4	3～4	3
	湿摩	3～4	3	2～3（深色 2）
印（烫）、绣花耐皂洗色牢度 /级 ≥	变色	3～4	3	3
	沾色	3～4	3	3
印（烫）、绣花耐摩擦色牢度 /级 ≥	干摩	3～4	3	3
	湿摩	3	2～3	2～3（深色 2）
耐光色牢度 /级 ≥	深色		4	4
	浅色		4	3
耐光、汗复合色牢度（碱性）/级 ≥		4	3～4	3
起球 /级 ≥		3～4	3	2～3
透湿率 / g·m^{-2}·(24h)$^{-1}$		\multicolumn{3}{c}{2 500}		
甲酸含量 / mg·kg^{-1}		按 GB 18401 规定执行		
pH 值				
异味				
可分解芳香胺染料 / mg·kg^{-1}				
纤维含量（净干含量）/%		按 GB/T 29862 规定执行		
拼接互染程度 /级		4～5	4	4
洗后外观质量		印花部位不允许起泡、脱落、裂纹，绣花部位缝纫线无严重不平整，贴花部位无明显脱开，纽扣、装饰物、拉链及附件洗涤后无明显变形变色、不生锈		

续表

项目		优等品	一等品	合格品
服用安全性	童装绳索和拉带安全要求	按 GB/T 22705 规定执行		
	残留金属针	成品中不得残留金属针		

① 内在质量各项指标以检验结果最低一项作为该批产品的评等依据。

② 起球只考核正面，主要是考虑考核产品的外观，而非舒适度，如果企业对产品的要求较高，完全可以对反面也进行考核（方法和指标可参照正面），这对于消费者是极为有利的。起毛、起绒类产品不考核起球，和 GB/T 22854—2009《针织学生服》相比，起球指标降低了半级。

③ 弹力织物（指加入弹性纤维的织物和罗纹织物）、镂空、烂花等结构的产品不考核顶破强力，顶破强力按 GB/T 19976—2005《纺织品 顶破强力的测定 钢球法》规定执行，采用直径为（38±0.02）mm 的钢球，指标要求＞250 N，这是一个相对较宽松的值。检测方面，大多数产品都能符合标准要求。

④ 弹力织物不考核横向水洗尺寸变化率、短裤和短裙不考核水洗尺寸变化率、褶皱产品不考核褶皱方向水洗尺寸变化率。合格品水洗尺寸变化率指标为（-6.0~+3.0）%，这个门槛较低。对紧口类产品和非直摆上衣、裙类产品及特殊款式设计的产品不考核水洗后扭曲率，水洗后扭曲率对上衣、裤子都分别有规定，指标均比成人服装的指标宽松。这主要是考虑到儿童的生长发育较快，服装洗后尺寸相对缩小也不会影响穿着使用外观。

⑤ 洗后外观质量对印花部位、绣花部位和贴花部位都有明确的规定，而 GB/T 22854—2009《针织学生服》没有对洗后外观质量设置考核要求，主要是考虑到消费者对儿童服装有较高的外观需求而新增的。

⑥ 拼接互染程度只考核深色和浅色相拼接的产品，指标要求与现行 GB/T 22849—2014《针织 T 恤衫》、GB/T 22853—2019《针织运动服》等同类产品标准一致。这主要是为了适应童装款式的多元化，避免因深、浅色拼接的产品由于颜色迁移而造成的市场投诉和质量纠纷，特地针对有深、浅组合的款式而设定该考核指标，这一点是非常必要的。

⑦ 耐光、汗复合色牢度只考核直接接触皮肤的外衣类产品，耐光、汗复合色牢度不考核非直接接触皮肤类产品。

⑧ 透湿率按 GB/T 12704.1—2009《纺织品 织物透湿性试验方法 第 1 部分：吸湿法》规定执行，采用吸湿法在非印花及无装饰件部位取样，仅考核

服装大身和裤子部位使用覆膜或涂层的面料，这主要考核产品的穿着舒适性。

⑨ 与 GB/T 22854、FZ/T 81003 相比，标准增加了对服用安全性能的考核，这是 2013 年以来发布的新标准中，较早采用 GB/T 22705—2019《童装绳索和拉带安全要求》的标准之一，并随着版本更新而变更。GB/T 22705 对幼童、大童和青少年的年龄段都有明确规定，对拉带、功能性绳索、装饰性绳索、弹性绳索等术语给出了详细的定义。这就能更好地指导各企业设计产品款式，更严格地规范检测工作的进行，从而保证产品的质量。

⑩ 对于未提及的项目但国家强制性标准有要求的，按强制性标准要求执行。这就可以做到推荐性标准与强制性标准的协调配套使用，提示企业在执行标准中应注意两类标准的要求内容。一方面，当两类标准中涉及相同的项目时，其要求以强制性标准要求为准，当推荐性标准指标高于强制性标准时可按推荐性标准考核；另一方面，对于强制性标准中提及的项目，但产品标准未提及的，要按强制性标准要求执行。

⑪ 使用拉链的部位，必须加衬内贴边。如果产品里面的贴边不够宽，穿着过程中或水洗后拉链露出来，对儿童就会很危险。

4. 外观质量

外观质量评等按表面疵点、规格尺寸偏差、对称部位尺寸差异和缝制规定的最低等评等。在同一件产品上发现属于不同品等的外观疵点时，按最低等疵点评定。

鉴于篇幅关系本节将不展开针织儿童服装外观质量检验内容。

三、毛针织品

FZ/T 73018—2012《毛针织品》是对 FZ/T 73018—2002《毛针织品》的修订，由国家工信和信息化部于 2012 年 12 月 28 日发布，2013 年 6 月 1 起实施。

（一）范围

标准规定了毛针织品的分类、技术要求、试验方法、检验及验收规则和包装、标志。标准适用于鉴定精、粗梳纯羊毛针织品和含羊毛 30% 及以上的毛混纺针织品的品质。其他动物毛纤维亦可参照执行。

（二）分类

毛针织品可按下列方式进行分类：

1. 按品种划分

① 开衫、套衫、背心类；

② 裤子、裙子类；

③ 内衣；

④ 袜子类；

⑤ 小件服饰类（包括帽子、围巾、手套等）。

2. 按洗涤方式

① 干洗类；

② 小心手洗类；

③ 可机洗类。

（三）技术要求

1. 安全性要求

毛针织品的基本安全技术要求符合 GB 18401 的规定。

2. 分等规定

毛针织品的评等以件为单位，按内在质量和外观质量的检验结果中最低一项定等，分为优等品、一等品、二等品，低于二等品者为等外品。

3. 内在质量的评等

① 内在质量的评等按物理指标和染色牢度的检验结果中最低一项定等。

② 物理指标按表 3-26 和表 3-27 规定评等。表 3-26 顶破强度中纱线线密度指编织所用纱线的总体线密度。

表 3-26 物理指标

项目		单位	限度	优等品	一等品	二等品	备注
纤维含量		%	—	按 GB/T 29862 执行			—
顶破强度	精梳 纱线线密度≤31.2 tex（≥32 Nm）	kPa	≥		245		只考核平针部位面积占 30% 及以上的产品；背心和小件服饰类不考核
	精梳 纱线线密度＞31.2 tex（＜32 Nm）				323		
	粗梳 纱线线密度＜71.4 tex（≥14 Nm）				196		
	粗梳 纱线线密度＞71.4 tex（＜14 Nm）				225		

续表

项目	单位	限度	优等品	一等品	二等品	备注
编织密度系数	—	≥	1.0			只考核粗梳针、罗纹和双罗纹产品
起球	级	≥	3～4	3	2～3	—
扭斜角	(°)	≤	5			只考核平针产品
二氯甲烷可溶性物质	%	≤	1.5	1.7	2.5	只考核平针产品
单件质量偏差率	%	—	按供需双方合约规定			—

表 3-27 中小心手洗类和可机洗类产品考核水洗尺寸变化率指标，只可干洗类产品不考核；小心手洗类和可机洗类对非平针产品松弛尺寸变化率是否符合要求不作判定；小心手洗类中开衫、套衫、背心类非缩绒产品对其松弛尺寸变化率和毡化尺寸变化率按要求进行判定，缩绒产品对其总尺寸变化率按要求进行判定。

表 3-27 物理指标

分类	项目		单位	要求				
				开衫、套衫、背心类	裤子、裙子类	内衣类	袜子类	小件服饰类
小心手洗	松弛尺寸变化率	长度	%	−10	—	−10	—	—
		宽度	%	+5，−8	—	−5	—	—
	毡化尺寸变化率	长度	%	—	—	—	−10	—
		面积	%	−8	—	−8	—	−8
	总尺寸变化率	长度	%	−5	−5	—	—	—
		宽度	%	−5	+5	—	—	—
		面积	%	−8	—	—	—	—
可机洗类	松弛尺寸变化率	长度	%	−10	—	−10	—	—
		宽度	%	+5，−8	—	+5	—	—
	毡化尺寸变化率	长度	%	—	—	—	−10	—
		面积	%	−8	—	−8	—	−8
	总尺寸变化率	长度	%	—	−5	—	—	—
		宽度	%	—	+5	—	—	—

③ 染色牢度

染色牢度按表 3-28 规定评等。

表 3-28 染色牢度

项目		单位	限度	优等品	一等品	二等品
耐光	＞1/12 标准深度（深色）	级	≥	4	4	4
	≤1/12 标准深度（浅色）			3	3	3
耐洗	色泽变化	级	≥	3～4	3～4	3
	毛布沾色			4	3	3
	其他贴衬沾色			3～4	3	3
耐汗渍（酸性、碱性）	色泽变化	级	≥	3～4	3～4	3
	毛布沾色			4	3	3
	其他贴衬沾色			3～4	3	3
耐水	色泽变化	级	≥	3～4	3～4	3
	毛布沾色			4	3	3
	其他贴衬沾色			3～4	3	3
耐摩擦	干摩擦	级	≥	4	3～4（深色3）	3
	湿摩擦			3	2～3	2～3
耐干洗	色泽变化	级	≥	4	3～4	3～4
	溶剂沾色			3～4	3	3

印花部位、吊染产品色牢度一等品指标要求耐汗渍，色牢度、色泽变化和贴衬沾色应达到 3 级；耐干摩擦色牢度应达到 3 级，耐湿摩擦色牢度应达到 2～3 级。

根据 GB/T 4841.3—2006《染料染色标准深度色卡》，＞1/12 标准深度为深色，＜1/12 标准深度为浅色。内衣类产品不考核耐光色牢度。耐干洗色牢度为可干洗类产品考核指标，只可干洗类产品不考核耐洗、耐湿摩擦色牢度。

4. 外观质量的评等

① 总则。

外观质量的评等以件为单位，包括主要规格尺寸允许偏差、缝迹伸长率、领圈拉开尺寸及外观疵点评等。

② 主要规格尺寸。

允许偏差长度方向：80 cm 及以上 ±2.0 cm，80 cm 以下 ±1.5 cm；

宽度方向：55 cm 及以上 ±1.5 cm，55 cm 以下 ±1.0 cm；

对称性偏差：≤1.0 cm。

主要规格尺寸偏差指毛衫的衣长、胸阔（1/2 胸围）、袖长，毛裤的裤长、直裆、横裆，裙子的裙长、臀宽（1/2 臀围），围巾的宽、1/2 长等实际尺寸与设计尺寸或标注尺寸的差异。

对称性偏差指同件产品的对称性差异，如毛衫的两边袖长、毛裤的两边裤长的差异。

③ 缝迹伸长率。

平缝不小于 10%，包缝不小于 20%，链缝不小于 30%（包括手缝）。

④ 领圈拉开尺寸。

成人：≥30 cm；

中童：≥28 cm；

小童：≥26 cm。

⑤ 外观疵点评等。

外观疵点评等按表 3-29 规定。

表 3-29　外观疵点评等

类别	疵点名称	优等品	一等品	二等品	备注
原料疵点	条子不匀	不允许	不明显	明显	—
	粗细节、松紧捻纱	不允许	不明显	明显	—
	厚薄档	不允许	不明显	明显	—
	色花	不允许	不明显	明显	—
	色档	不允许	不明显	明显	—
	纱线接头	≤2 个	≤4 个	≤7 个	外表面不允许
	草屑、毛粒、毛片	不允许	不明显	明显	—
编织疵点	毛针	不允许	不明显	明显	—
	单毛	≤2 个	≤3 个	≤5 个	—
	花针、瘪针、三角针	不允许	次要部位允许	允许	—
	针圈不匀	不允许	不明显	明显	—
	里纱露面、混色不匀	不允许	不明显	明显	—
	花纹错乱	不允许	次要部位允许	允许	—
	漏针、脱散、破洞	不允许	不允许	不允许	—

续表

类别	疵点名称	优等品	一等品	二等品	备注
编织疵点	露线头	≤2个	≤3个	≤4个	外表面不允许
裁缝整理疵点	拷缝及绣缝不良	不允许	不明显	明显	—
	锁眼钉扣不良	不允许	不明显	明显	—
	修补痕	不允许	不明显	明显	—
	斑疵	不允许	不明显	明显	—
	色差	≥4-5级	≥4级	≥3-4级	按250执行
	染色不良	不允许	不明显	明显	—
	烫焦痕	不允许	不允许	不允许	—

表中未列的外观疵点可参照类似的疵点评等。

附录 相关标准目录

国家标准目录

GB 18401—2010《国家纺织产品基本安全技术规范》

GB 5296.4—2012《消费品使用说明第 4 部分：纺织品和服装》

GB/T 23328—2009《机织学生服》

GB/T 22854—2009《针织学生服》

GB/T 31888—2015《中小学生校服》

GB/T 14272—2021《羽绒服装》

GB/T 22849—2014《针织 T 恤衫》

GB/T 22853—2019《针织运动服》

GB/T 2660—2017《衬衫》

GB/T 2662—2017《棉服装》

GB 20653—2020《防护服装　职业用高可视性警示服》

GB/T 28468—2012《中小学生交通安全反光校服》

GB 31701—2015《婴幼儿及儿童纺织产品安全技术规范》

GB/T 19000—2016《质量管理体系 基础和术语》

GB/T 3291.1—1997《纺织材料性能和试验术语》

GB/T 15557—2008《服装术语》

GB/T 24250—2009《机织物　疵点的描述　术语》

GB/T 24117—2009《针织物　疵点的描述　术语》

GB/T 8685—2008《纺织品和服装使用说明的图形符号》

GB/T 29862—2013《纺织品纤维含量的标识》

GB/T 29862—2016《纺织品　纤维含量的标识》

GB 9994—2018《纺织材料公定回潮率》

GB/T 2910.1—2009《纺织品定量化学分析》

GB/T 22702—2008《儿童上衣拉带安全规格》

GB/T 22705—2008《童装绳索和拉带安全要求》

GB 18383—2007《絮用纤维制品通用技术要求》

GB/T 22705—2019《童装绳索和拉带安全要求》

GBT 1335.1—2008《服装号型　男子》

GB/T 1335.2—2008《服装号型 女子》
GB/T 1335.3—2009《服装号型 儿童》
GB/T 6411—2008《针织内衣规格尺寸系列》
GB/T 2910—2009《纺织品 定量化学分析》
GB/T 8629—2017《纺织品 试验用家庭洗涤和干燥程序》
GB/T 8628—2013《纺织品 测定尺寸变化的试验中织物试样和服装的准备、标记及测量》
GB/T 14644—2014《纺织品燃烧性能 45°方向燃烧速率测定》
GB/T 17685—2016《羽绒羽毛》
GB/T 22702—2008《儿童上衣拉带安全规格》
GB/T 22704—2019《提高设计安全性的儿童服装设计和生产实施规范》
GB/T 23155—2008《进出口儿童服装绳带安全要求及测试方法》
GSB 16—2159—2007《针织产品标准深度样卡》
GB/T 4841.3—2006《染料染色标准深度色卡》
GBT 19976—2005《纺织品 顶破强力的测定 钢球法》
GB/T 12704.1—2009《纺织品 织物透湿性试验方法 第1部分：吸湿法》
GB/T 29256.5—2012《纺织品 机织物结构分析方法 第5部分：织物中拆下纱线线密度的测定》
GB/T 6836—2018《缝纫线》
GSB 16—2159—2007《针织产品标准深度样卡》

行业标准
SB/T 10956—2012《学生服商品验收规范》
SB/T 10579—2011《商品验货通则》
SB/T 10787—2012《纺织商品验收规范》
FZ/T 81003—2003《儿童服装、学生服》
FZ/T 81004—2012《连衣裙、裙套》
FZ/T 73025—2019《婴幼儿针织服饰》
FZ/T 73018—2021《毛针织品》
FZ/T 73045—2013《针织儿童服装》
QB/T 2262—1996《皮革工业术语》

地方标准
DB44/T 883—2011《广东省学生服质量技术规范》

第四章

中小学生校服材料和生产过程品质检验

材料是服装的物质基础，材料品质是服装品质的关键，也是企业赖以生存的根本。校服原材料品质的控制与检验，是校服生产企业生产管理的核心内容，在当前竞争激烈的市场经济下尤为重要。

生产过程中校服产品的品质控制是校服产品质量产生、形成全过程的核心和关键阶段。因此必须对影响校服产品质量的各因素在生产过程各环节进行有效控制，以确保生产出来的产品符合要求。

第一节
中小学生校服材料品质控制

校服面、辅料的品质控制可以说是校服质量控制的第一关，若面、辅料有质量问题，那么生产出来的产品就会有质量问题。因此，校服材料品质控制是相当重要的。

校服原材料入库时，应马上进行检验和测试。检验一般包括测量布匹的幅宽和长度，检查色差、布面疵点和手感。这些检验可以发现一些明显的质量问题。如果检验结果与合同要求相差太大，就没必要再进行测试，应直接退货并要求赔偿。实验室检测主要是分析实物与先前提供或设计样品的一致性，并对原材料的有关性能进行检测。

一、面料品质控制

面料的特性很多，但只有与最终用途、需要有关的特性才构成面料的品质，用途决定了其使用条件，使用条件不同，人们对面料质量的要求也不同，如校服冬装和夏装就有本质的不同，冬装要保暖，夏装要透气、吸湿，所以面料品质控制必须考虑其用途的重要程度，以提高质量控制的效率和经济效益。

（一）面料品质的基本要求

作为校服面料的基本条件，面料必须有一定的匹长、幅宽，有一定强度满足耐用性，颜色均匀并有一定色牢度，花纹图案符合要求，其他性能也符合要求等。一般来说：

① 面料的匹长一般大于 27.4 m 或符合订单要求，实际匹长不应少于订单要求的 1%，面料的幅宽不能小于订单要求的 0.5%。

② 假开剪的数量不能超过订单要求，且布头布尾 4.6 m 以内不能有假开剪。

③ 面料不能有前后色差、左右色差及色花，面料的颜色与确认样比较，其颜色差异必须在 4 级以上，匹与匹的颜色差异也必须在 4 级以上。

④ 面料的纬弧、纬斜必须小于 2%～3%。

⑤ 83.6 m^2 的疵点评分应小于 30 或 40。

⑥ 染色牢度、缩水率及其他测试要求应符合订单要求或标准要求。

⑦ 面料的组织规格符合订单要求。

⑧ 面料的外观和手感符合客户要求或确认样要求。

（二）面料品质控制的基本内容

面料品质控制主要包括规格参数、色泽及色牢度、外观疵点、性能四个方面。

1. 规格参数

指用于构成纺织品用途的一些外形规格及结构，对面料的风格、性能以及规格指标往往起决定性作用。

（1）面料的组织

面料的组织是指纱线交织的规律，对于机织物而言，是指经纬纱的交织规律，如平纹、斜纹、锻纹以及提花等。对针织物，如平纹、罗纹、单面、双面、经缎等。验布时不需要精确分析纱线的交织规律，只需要检验花纹的外观和大小是否符合确认样。可以目测或借助放大镜、照布镜观察面料的纱线交织规律和花纹外观。

（2）面料的幅宽

幅宽一般分实际幅宽和有效幅宽，实际幅宽是指布边到布边的垂直距离，有效幅宽是指针孔以内可能使用的最大距离。一般幅宽多指前者。面料幅宽直接影响排料。在检验时一匹布一般至少测 5 次，即头尾各测一次，中间不同位置测若干次，若测得的有效幅宽小于要求的有效幅宽，应与厂家交涉，必要时应做降等处理，并根据服装裁剪要求，分别按不同幅宽排料裁剪。

（3）面料的匹长

由于织物原料不同，匹长也不同，它直接影响排料效率。从服装生产的角度，面料的匹长越长越好，但对于面料供应商来说，面料的匹长越长，对生产要求就越高。面料厂为了满足最小匹长，对一些疵点不开剪，仅在布边挂一色线作为疵点标记，即所谓的"假开剪"。假开剪会影响排料的效率。因此对于最小匹长和假开剪的要求，服装厂在订购面料时就要和面料供应商确定。面料匹长的检验，就是要检查匹长和假开剪是否符合要求。面料匹长的检验可以在验布机上进行，验布机上的码表可以反映出长度数量。

（4）面料的面密度

面料的面密度一般用单位面积质量（如克/平方米，俗称克重）来表示。织物的重量会影响其悬垂性、风格，也影响其价格。在进行面料面密度检验时，应将实际面密度与要求面密度进行对比。毛、丝织物标准中，将织物面密度的最大允许公差（%）作为品质评定的一个重要指标，织物品种不同，织物分等不同，所允许的面密度最大公差也是不同。如棉织物面密度用每平方米织物去边干重或退浆干重表示，是考核其内在品质的重要参考指标。

（5）面料的经纬密度和纱线线密度

面料的经纬密度和纱线线密度是校服质量的一个重要指标，直接影响校服面料的外观及风格。

织物经纬密度既不能太大，也不能太小，要根据织物品种而定。染整以后的布与坯布相比，一般都是经向密度增加，纬向密度降低。纱线的线密度表示纱线的粗细，目测不能判断，一般由实验室按 GB/T 29256.5—2012《纺织品　机织物结构分析方法　第 5 部分：织物中拆下纱线线密度的测量》中所述方法测定。

若校服面料经纬密度或纱线线密度低于允许标准并超过各档允许公差时，要做降等处理。

2. 面料的色泽及色牢度

面料的颜色是决定织物外观质量和花色品种的重要因素。面料的颜色应符合要求，应与确认样的色差在四级以上，染色牢度也应符合要求。出现色差和染色牢度低的情况，除了与所用染料有关外，还与生产过程有很大的关系，而且因为出现的面积大，其影响比外观疵点的影响更大。所以应把其作为重要品质指标来控制。

面料颜色测量主要有目视评定和仪器测量两类方法。仪器主要是分光光度计或光电测色计。服装厂常常根据标准色样，利用比较法来进行颜色的测量。

色差包括面料颜色和确认样间的色差，包括同一匹面料的前后色差（俗称段差）、左右色差（俗称中边差）以及匹与匹之间的色差（俗称缸差）。在国家标准中被列为分散性外观疵点，可按标准色卡，根据其严重情况进行评分定等。色差如果在四级以上，一般可以接受，但生产中必须分色。染色牢度需用多项指标来反映，主要有耐日晒牢度、熨烫牢度、摩擦牢度、汗渍牢度、皂洗牢度等。一般染色牢度的好坏分为 5 级，日晒牢度分为 8 级，其中 1 级最差，级数越高表示染色牢度越好。不同织物根据其用途不同，对其染色牢度要求也不同。

3. 外观疵点

面料的外观疵点主要是在生产过程中造成的，也有原料本身的质量问题及包装运输方面的问题。根据疵点形成的过程，可分为纱疵、织疵和整理疵点几大类。根据其影响程度和出现的状态，可分为局部性疵点和散布性疵点两类。各类面料的常见疵点见表 4–1。

表 4–1　各类面料常见疵点

面料种类	常见疵点种类
棉型面料	破洞、边疵、斑渍、狭幅、稀弄、密路、跳花、错纱、吊经、吊纬、双纬、百脚、错纹、霉斑、棉结杂质、条干不均、竹节纱、色花、色差、横档、纬斜等
毛型面料	缺经、经档、厚薄档、跳花、错纹、蛛网、色花、沾色、色差、呢面歪斜、光泽不良、发毛、吊纱、露底、折痕、边道不良、污渍等
丝型面料	经柳、浆柳、箱柳、断通丝、断把吊、紧解线、绞路、松紧档、缺经、断纬、错经、叠纬、跳梭、斑渍、卷边、倒绒、厚薄线、横折印等
麻型面料	条干不匀、粗经、错纬、双经、双纬、破洞、破边、跳花、顶绞、稀弄、油锈渍、断疵、蛛网、荷叶边等
针织面料	云斑、横条、纵条、厚薄档、色花、接头不良、油针、破洞、断纱、毛针、毛丝、花针、稀路针、三角眼、漏针、错纹、纵横歪斜、油污、色差、搭色、露底、幅宽不一等

纬斜是由面料内应力所产生的一种常见疵点，主要是整理造成，严重影响校服加工的品质，所以是重要的检验项目。纬斜是指经纬纱线交叉不垂直，一般校服面料要求纬斜纬弧不大于 3%，大于 2% 拉布时就要手工整纬，大于 3% 应当退回工厂重新整理。

4. 性能

（1）收缩率

收缩率是面料尺寸稳定性能指标，也反映了面料的加工性能。织物在受到水和湿热等外部因素的刺激后，纤维从暂时的平衡状态转化为较为稳定的平衡状态，在此过程中织物发生了伸缩，伸缩的程度就是收缩率。伸缩分为经向（纵向）伸缩和纬向（横向）伸缩。收缩率会影响成品服装的尺寸，影响拼接部位的外观平整，当面料、里料、衬料的收缩率不同时，会出现表面不平服、表起泡，里料外露、反吐等现象，直接影响校服质量。

（2）强力

染整织物的强度是很重要的指标。一般染整加工过程中，除了棉布的丝光和树脂整理等少数工艺外，其他工艺环节或多或少都会使织物强度下降，因染整后是经密增加，纬密减少，因此染整后的布和原坯布相比，一般是经强升高或降低的幅度较小，而纬强降低的幅度较大。影响织物成品强度的因素有坯布强度、染整过程中的加工因素、染整成品本身的回潮率等。

校服面料的强力检验主要有断裂强力、顶破强力和胀破强力等内容。

二、辅料品质控制

校服除了面料之外的其他材料，都可以称为辅料。辅料包括里料、衬料、絮填料、口袋布、缝纫线、纽扣、拉链、商标和吊牌以及价格牌等。辅料的质量在校服中起着举足轻重的作用。

（一）辅料品质控制的基本内容

1. 辅料品质控制的原则

① 辅料进厂必须检查。

② 客户提供的辅料必须检查。

③ 不合格的辅料不得使用。

2. 辅料品质控制的内容

（1）辅料进厂后的检查

辅料进厂后应立即检查，并与资料或确认的样品核对。主要是检查和复核辅料的规格型号和外观质量。具体包括：

① 辅料的品名、规格、型号、数量正确无误。

② 辅料的颜色正确无误。

③ 辅料的外观质量正确无误。

（2）根据客户的要求检查

① 里料：与面料测试类似，主要检验如颜色与面料是否相配，缩水率与面料是否相吻合，色差、色牢度等。

② 黏合衬：测试黏合牢度、尺寸稳定性、耐水洗性能和渗胶性能等。

③ 填充料：测试质量、厚度、压缩弹性等，羽绒还要测试含绒量、蓬松度、微生物检测指标、耐洗色牢度等。

④ 纽扣类：普通纽扣需要测试色牢度、耐热度，金属纽扣需要测试抗腐蚀性、镍释放量等。

⑤ 拉链：根据需要测试手拉强度、折拉强度等。

⑥ 线带类：带类辅料需要测试染色牢度、缩水率等，缝纫线还要测试强度、可缝性等。

⑦ 标识类：不同标识要求不同，洗涤标识应当具有持久性。印上的字要能耐水洗，日常洗涤后仍能识别清楚。

（3）辅料的数量检查

清点辅料的数量，并与生产所需要的数量核对。如果辅料的种类涉及颜色和尺码，则需要按照颜色、尺码分类清点，以满足生产需求。

（4）辅料的产前试验

进行必要的辅料产前试验，如黏合衬的产前压烫试验、扣件的拉力试验等。

（5）确认辅料品质，制作辅料样品卡

确认所有辅料的外观与订单或确认样完全一致，质量检测数据都在可接受范围内，并制作辅料样品卡。坚持不合格辅料不使用的原则。

（二）里料的品质控制

校服里料根据所用纤维种类不同，主要分为棉布里料、真丝里料、人造丝里料和合成纤维里料四大类。不同类里料，性能有很大差异。其品质要求主要包括以下几个方面：

1. 规格参数

包括匹长、幅宽、经纬密度、质量，不同类里料有不同指标偏差要求，测试方法同面料。

2. 缩水率

一般棉布里料的缩水率高，合成纤维里料缩水率较低，人造丝里料纬向缩水率较大。各种里料的缩水率要求见表4-2。

表4-2 各种里料的缩水率要求

织物名称		缩水率不高于（%）	
		经向	纬向
棉布里料	大整理及预缩织物	-5	-5
	标准大整理织物	-6	-5
合成纤维里料	涤纶丝织物	-1	-1
	锦纶丝织物	-2	-2
	交织合纤丝织物	-3	-3.5

续表

织物名称		缩水率不高于（%）		
		经向		纬向
真丝里料	一般织物	甲法	乙法	-2
		-3	-5	
人造丝里料	一般织物	甲法	乙法	-8
	交织物	-3	-5	

3. 染色牢度

棉布里料考核皂洗牢度和摩擦牢度，真丝里料和人造丝里料考核耐洗色牢度、耐水浸色牢度、耐汗渍色牢度、耐干摩色牢度，合纤里料在此基础上，还考核耐熨烫色牢度、耐湿摩色牢度。

4. 断裂强力和断裂伸长率

合成里料对断裂强力和断裂伸长率都有要求，其中要求断裂强力的偏差不高于标准值的5%。

5. 外观疵点

不同里料，主要质量疵病也不同。棉布里料的主要疵病：破损、断经沉纱、经缩、条花、拆痕、跳纱、星跳、竹节、百脚、稀纬、双纱脱纬、纬缩、杂织、边不良、渍、纬斜；真丝里料的主要疵病：经柳、缺经、叉绞路、宽急经、多少经、错花、撬小、纬档、多少纬、纬斜、松板印、皱印、色泽深浅、纤维损伤、破损、边不良、整修不净、渍、脱拉、印花疵等；人造丝里料的主要疵病与真丝相同；合纤里料的主要疵病：破损、断经沉纱、经缩、条花、拆痕、跳纱、星跳、竹节、百脚、稀纬、双纱脱纬、纬缩、杂织、边不良、渍、纬斜等。

（三）衬料

黏合衬除了要进行数量检验外，还要进行剥离强度、缩水率、热缩率、耐洗性、渗胶性等测试。

1. 剥离强力

剥离强力是指黏合衬与被黏合的面料剥离时所需要的力，单位为N/（5 cm×10 cm）。剥离强力是考核黏合牢度的重要指标。剥离破坏是四种黏合破坏之一，只有当剥离强力小于面料强力时，才可能测出剥离强力。影响剥离强力的因素很多。在校服加工中的关键是正确选择黏合衬的类型，使其与面料有良好的黏合；正确选定压烫条件、压烫设备和压烫方式等。

2. 尺寸稳定性

尺寸稳定性是指衬布在使用过程中或在加工过程中尺寸变化的性能，一般表现为收缩，过多的收缩会影响服装的外观，如起皱、起泡等。黏合衬的收缩主要有压烫收缩、水洗收缩等。

3. 耐洗性

黏合衬的耐洗性能包括耐化学干洗性能和耐水洗性能。耐洗性以黏合织物洗涤后剥离强力的下降率来表示。较直观的方法是以洗涤后有无脱胶、起泡的现象来鉴别。通常规定洗涤 5 次后不起泡。

采用"评定黏合衬布耐洗外观样照"，可以按照洗涤后的试样脱胶气泡的程度，定性地评定黏合衬布的耐洗性能，如表 4-3 所示。一般要求不低于四级。

表 4-3 黏合衬耐洗外观分级

分级	外观	分级	外观
一级	严重起泡	四级	轻微起皱
二级	局部起泡	四级	表面平整无皱无泡
三级	表面不平整		

4. 其他要求

对某些用途，会有手感要求，也会有白度和颜色要求。对某些产品，如衬衫要求测试游离甲醛含量、吸气泛黄、白度要求等。

黏合衬一般品质要求见表 4-4。

表 4-4 黏合衬一般品质要求

项目			机织黏合衬（衬衣用）	机织黏合衬（外衣用）	无纺黏合衬
剥离强力不低于 [N/(5 cm×10 cm)]			18	12	8
干热尺寸变化小于 (%)		经向	1	1.5	1.5
		纬向	1	1	1.5
水洗尺寸变化小于 (%)		经向	1.5	2.5	1.3
		纬向	1.5	2	1
黏合衬洗涤后外观变化不低于	水洗	次数	5	2	2
		等级	4	4	4
	干洗	次数	—	5	5
		等级	—	4	4

续表

项目		机织黏合衬（衬衣用）	机织黏合衬（外衣用）	无纺黏合衬
黏合衬洗涤后尺寸变化小于（%）	经向	2	3	—
	纬向	2	2.5	—
断裂强力不低于（%）	经向	坯布的60	坯布的60	坯布的60
	纬向	坯布的50	坯布的50	坯布的50
渗料性能		不渗料	不渗料	不渗料
抗老化性能		抗老化	抗老化	抗老化

（四）拉链

1. 拉链的品质要求

（1）拉链的规格和型号

拉链的规格是指两个链牙啮合后牙链的宽度尺寸或尺寸范围，计量单位是毫米。拉链的规格是各组件形状尺寸的依据，是最具有特征的重要尺寸。拉链的型号是形状、规格尺寸及性能特征的重要反映。拉链的型号不仅包含了拉链的规格要求，还反映了拉链的性能特征，即拉链的技术参数及使用功能。

（2）拉链的强力

拉链的强力是最主要的性能指标，决定了拉链的适用范围和耐用程度。国家标准对拉链的强力有明确的规定，也是衡量拉链品质的重要依据。不同规格型号的拉链有不同的强力，适合不同的用途。拉链供应商一般会给出一个规格型号和适用范围的参考选择。拉链强力有以下几种测量方法。

① 平拉强力。平拉强力是最基本的强力指标，用于测试拉链齿在自锁状态下，抵抗横向作用力的能力。图4-1为平拉强力测试示意图。

② 上止强力。将拉链闭合，拉头拉到上端止口。随后，牵拉拉头，可模拟拉链在握持状态下，拉头越过上止时拉脱的难易程度以及上止抵抗外力的能力，从而验证上止的强力。图4-2为其测试示意图。

③ 下止强力。将拉链拉至下端止口，牵拉左右两侧的链带，测量下止被破坏所需要的力以及拉头内部构件的抵抗力。图4-3为下止强力测试示意图。

④ 开尾平拉强力。测试开尾拉链插管和插座抵抗外力破坏的能力。图4-4为开尾平拉强力测试示意图。

⑤ 拉头闭锁强力。拉头在链齿的中间自锁，拉伸左右部分的拉链，测试

锁定强力和拉头内部构件的抵抗力。图4-5为拉头闭锁强力测试示意图。

⑥ 拉头拉瓣结合强力。以垂直于拉瓣的方向施加拉头作用力，直至拉瓣与拉体分离为止所需的强力。图4-6为拉头拉瓣强力测试示意图。

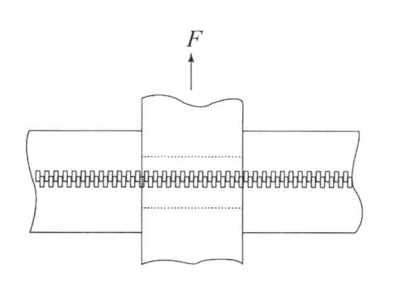

图4-1　平拉强力测试示意图

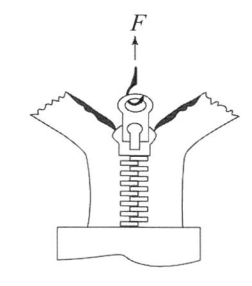

图4-2　上止强力测试示意图

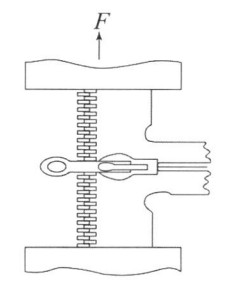

图4-3　下止强力测试示意图

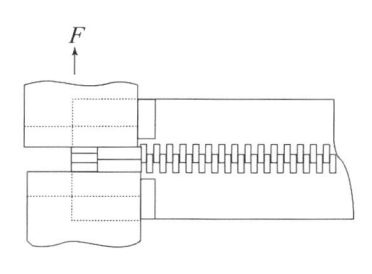

图4-4　开尾平拉强力测试示意图

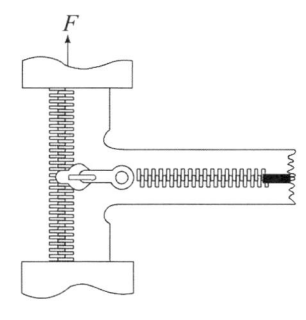

图4-5　拉头闭锁强力测试示意图

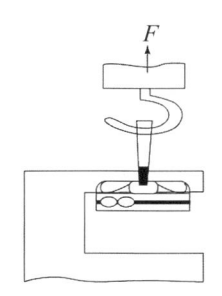

图4-6　拉头拉瓣结合强力测试示意图

（3）拉链的长度

拉链的长度决定服装闭合体或部位的尺寸。测量拉链长度的方法是将拉链平放在平整的台板上，使其处于自然状态，用钢直尺从拉头的顶端量起，量至下止口的外端，开尾拉链则量至插座的外端。因链牙有规定的尺寸，为保证链牙尺寸的完整性，拉链长度有允许规定的偏差值。一般口袋上用的闭尾拉链，其长度应取允许的上偏差，不可取下偏差。表4-5为YKK拉链的长度允差。

表 4-5　YKK 拉链的长度允差

拉链长度 / cm	允许公差 / mm	拉链长度 / cm	允许公差 / mm
<30	±5	60~100	±15
30~60	±10	>100	±3%

（4）拉链的平直度

平直度影响服装的平整度。拉链平直度的测试方法为取成品拉链一条，平放在平整的台板上，使其处于自然状态，然后用手指沿链牙边缘两侧来回移动一次，用直尺逐渐向弯曲处靠拢，然后用另一直尺量取链牙脚与直尺之间的最大距离，此距离即为拉链的平直度。

（5）拉链的颜色

拉链和拉链带的颜色必须符合确认样卡或确认样。如要求配大身色，也要与面料的颜色相同或相近。同条拉链及同批拉链的色差一般应在 3 级以上。

（6）拉链的外观

① 拉链应平直、平整，在自然下垂时无波浪或弯曲。

② 注塑拉链的链牙光亮，正面中部无凹陷，无缺牙。金属链牙排列整齐，不歪斜，无断牙。链牙的啮合良好。

③ 注塑拉链的色泽均匀一致，光亮鲜艳，无色差。

④ 拉链带贴胶位置对称，无歪斜。贴胶处反复 10 次折转 180° 而不折断。

⑤ 电镀拉头的镀层光亮，不起皮，无异物划痕，镀层厚度不小于 3 μm。涂漆、喷塑拉头表面色泽鲜艳，涂层均匀牢固，无气泡、无死角等缺陷。

2. 拉链的功能检测

可进行以下操作，以确保拉链的功能良好。

① 拉动拉头来回移动，拉头滑行平稳、灵活，无跳动或被卡感觉。特别注意拉头在上止、下止及插口处启动时无阻碍。

② 拉瓣在 180° 范围内翻动灵活。

③ 插入插管进入管座或拔出插管灵活无阻碍。

④ 用大于 60° 的两个力分别拉开两条链牙带（拉瓣放平在拉体上），用力适中，拉速不宜过快。如果拉头不滑行，表示拉头自锁良好。反之则表示无自锁或自锁强力不够。

⑤ 将拉瓣垂直于拉体平面向上提拉，帽罩不能松动或脱落。

3. 特殊性能要求

① 染色牢度：一般要求拉链在 80 ℃ 的热水中浸泡后与原样对比，染色牢度大于四级。

② 收缩率：拉链的水洗缩率不大于3%，干洗缩率不大于3 μm。

③ 耐有机溶剂：将拉链浸入温度为20℃±2℃的四氯乙烯溶液中2 h，让其自然干燥，拉链的开启和闭合保持原有的功能。

④ 金属镀层的耐腐蚀性能：在3%的NaCl溶液中浸泡180 min后取出自然干燥，目测无锈斑。

⑤ 禁用元素和染料：由于镍制或镀镍拉链直接接触到皮肤时，会产生斑疹或皮肤过敏的问题，一些国家禁止拉链材料中含有镍元素。因此必须注明"防镍"。也有些产品输入国要求不含硫化染料、不含硫和铅元素、不含偶氮染料。如果客户有这方面的要求，在订购拉链时，也应注明"不含偶氮"等要求。

⑥ 验针性能：如果最终服装需要经过验针，则在订购拉链时也需要注明"需要验针"。

⑦ 洗涤性能：在普通洗涤中，可能会产生拉链变色或被腐蚀或带件部分发生脆化或断裂。实际使用中，常对洗标中要求湿洗或干洗的服装拉链进行拉合测试，以评判其洗涤性能。在水洗生产中，应确保各种化学品清洗干净，以防止化学反应使拉链变色。

（五）扣紧件

1. 纽扣的品质要求

（1）纽扣的型号尺寸

纽扣的型号尺寸是反映纽扣使用功能的重要指标。

纽扣的型号尺寸（L）与外径尺寸（D）的关系如式4-1所示：

$$纽扣外径（mm）D = 0.635 L \qquad (4-1)$$

一般使用专门的纽扣卡尺测量尺寸会比较方便和准确。没有纽扣卡尺时，可以将常用型号的纽扣，按照其外径尺寸用圆规画出实际的纽扣尺寸。

（2）纽扣的颜色

对于大多数纽扣来说，其颜色与面料颜色应有良好的配色性。纽扣的颜色必须符合确认的样品或色样。

（3）纽扣的性能

不同材料的纽扣也具有不同的性能。从使用要求和加工性能来看，他们都应该具有良好的耐化学性能和耐热性能。纽扣也要求具有一定的强度和耐磨性能，这样可以耐洗衣机的连续摩擦而不破碎，也能经受一些有特殊洗涤要求的加工。

（4）金属纽扣或扣件的表面质量

有些金属纽扣和扣件经过金属涂层、化学涂层等表面处理，要求表面涂层的外观、结合力、孔隙率、耐腐蚀、厚度等都符合规定的要求。

（5）金属纽扣或扣件的材料

优质的金属纽扣与扣件是采用铜或铝为材料，在检验时可以采用磁铁测试。

对于重金属铅、镍、镉和偶氮染料等，不同国家有不同规定，应符合有关国家的标准和要求。一些国家要求必须确保婴幼儿及儿童服装上的金属装饰物不含铁。

2. 锁扣类和紧固类扣件的品质控制

扣件不论是起功能性作用还是装饰性作用，不脱落或具有一定的拉伸强力是最基本的要求。因此在扣件的品质管理中，扣件的装钉牢度是重要的内容。

（1）扣件的选择

扣件的种类和结构尺寸与面料厚度、面料种类、装钉部位的面料层数等有关。如针织面料应选用五爪扣较为合适，其受力状态均匀分布在一个平面上，不宜选用单管状扣件，因为单管状扣件容易被拉脱或面料被拉坏。

（2）扣件的装钉

扣件的结构尺寸和装钉方法决定了装钉的牢度。要求装钉出的面料厚度要均匀；装钉基布既不能太厚，也不能太薄；同件服装的面料层数不同时，应分工序用不同的压力装钉；避开线缝装钉；选用合适的模具装钉。

3. 装钉牢度的检测和判断

① 抽样。对单件成衣的检验，应测试所有扣件，并保证100%合格；对于生产中的检验，可抽样一定件数，每件测6对扣件，少于6对扣件的话，应测所有扣件。如有一件装钉牢度不良，就认为整批服装的装钉牢度不合格。

② 测试。在钳子上固定扣件，用拉力测试仪对所测扣件均衡作用67 N拉力，并保持10～15 s。扣件的上下部分（扣帽和扣座）都要测。如果扣件的任何部分松弛、脱落或面料破损，装钉牢度都被认为不合格。

③ 检验与判断。装钉质量还可以从扣件的外观、基布状况等进行检验和判断。如基布是否厚度不均匀；是否避开接缝；装钉后的扣件是否可以转动；装钉处面料是否起皱破损；用力拉伸扣件粗略估计装钉是否牢度；扣件和面料之间是否有间隙。

（六）絮填料

絮填料的种类比较繁杂，按照原材料的种类，可分为棉花、丝棉、毛皮、羽绒、驼毛、羊绒、腈纶棉等。其中，羽绒服装穿着保暖、舒适、轻盈方便，喷胶棉絮片轻盈、易保管、易加工、经济实用。防寒校服的填充物除符合 GB 18401 B 类要求外，还应符合 GB 18383 或 GB/T 14272 的要求。下面以羽绒和喷胶棉絮片为例，介绍其品质要求。

1. 羽绒品质控制

羽绒的品质指标及控制：

① 绒子含量。一般用百分比表示。比如 80% 灰鸭绒，是指 100 g 毛绒中有 80 g 为绒子，其余 20 g 为符合规格的毛片等。

② 蓬松度。反映羽绒的蓬松程度。蓬松度直接影响羽绒服及制品的回弹性、保暖性和舒适性。在一定口径的容器内，加入经过预调制定量毛绒，经过充分搅拌，然后在容器压板的自重压力下静止一分钟，羽绒所占有的体积就是它的蓬松度。

③ 耗氧指数。指 100 g 毛绒中含有的还原性物质，在一定条件下氧化时，消耗的氧气的毫克数。耗氧指数＜10.0 mg/100 g 为合格，若超过，说明羽绒水洗工艺不够规范，会引起细菌繁殖，对人体健康不利。

④ 清洁度。反映羽绒的清洁程度。通过水作载体，经振荡把毛绒中所含的微小尘粒转入水中，这些微小尘粒在水中呈悬浊状，然后用仪器来测定水质的透明度。清洁度＞450 mm 为合格，反之未达到指标要求。未达标的羽绒杂质多，容易引起各种细菌吸附在羽绒中，会对人体健康产生不利影响。

⑤ 异味等级。通过专业检验人员感官判断异味程度。抽取一定量的样品直接放入有盖无味的容器内，在干燥的状况下，由检验人员做嗅觉判断，判定容器内的样品是否有异味。且气味根据强弱分为 0（无异味）、1（极微弱）、2（弱）、3（明显）四个等级，只有当嗅觉判断做出大于 2 级的结论时，被检样品才能判定为不合格。5 名检验人员中的 3 个人意见相同时作为异味评定结果，如异味超出标准规定指标时，说明水洗羽绒加工过程中洗涤有问题，羽绒服在穿着、保存过程中容易引起变质，影响环境和人体健康。

⑥ 微生物检测指标。规定当"耗氧量"指标超过 10.0 mg/100 g 时，必须对嗜温性需氧菌、粪链球菌、还原亚硫酸梭状芽胞杆菌及沙门氏菌四大微生物进行检测。

有效控制羽绒微生物超标，应注意以下几点：

① 防止原料羽绒的污染，加强对屠宰场的卫生监管。

② 羽绒在加工处理过程中应保证：

a. 水洗的质量要符合工艺要求。水质本身的污染也会造成水洗羽绒的污染。

b. 使用的洗涤剂、消毒剂质量要保证能达到洗涤、消毒、杀菌的效果。

c. 对加工设备高温消毒，并做好定期防菌、杀菌的保养工作。

③ 羽绒包装要规范，运输过程中不能淋雨受潮，含水率控制在13%以下。

④ 对储存时间过长的羽绒要进行微生物状态指标的检测。

2. 喷胶棉絮片

喷胶棉絮片是以涤纶短纤维为主要原料，梳理成网后，通过液体黏合剂黏合，再经过热处理而成的絮片。喷胶棉絮片的性能指标见表4-6。外观质量指标见表4-7。

表4-6　喷胶棉絮片的性能指标

项目		品级	规格 / g·m^{-2}											
			40	60	80	100	120	140	160	180	200	220	240	260	280	300
面密度偏差率 / %		一等品	±7			±6					±5					
		合格品	±8			±7					±6					
幅宽偏差率 / %		一等品	−1.5~+2.0													
		合格品	−2.0~+2.5													
蓬松度（比容）/ cm^3·g^{-1}		一等品	70													
		合格品	60													
压缩弹性	压缩率 / %	一等品	60													
		合格品	55													
	回潮率 / %	一等品	75													
		合格品	70													
保温率 / %		—	50			65										
耐水洗性		—	水洗3次，不漏底，无明显破损、分层													

表4-7　喷胶棉絮片外观质量

项目	一等品	合格品
破边	不允许	深入布边3 cm以内长5 cm及以下每20 m内允许2处
纤维分层	不明显	
破洞	不允许	

续表

项目	一等品	合格品
布面均匀性	均匀	无明显不均匀
油污斑渍	不允许	面积在 5 cm² 及以下每 20 m² 内允许 2 处
漏胶	不允许	不明显
拉手	不允许	不明显
拼接		每卷允许 1 次拼接，最短长度 5 m

（七）线带类

校服上的线带类产品，主要有各类缝纫线、花边、织带、松紧带、商标带、装饰绳等。本节以缝纫线为例进行说明。

国家标准对缝纫线的技术指标有严格规定和要求，主要包括：特数、股数、捻度、单纱强力及强力变异系数、染色牢度、沸水缩率、长度及允许公差、接头允许数以及外观疵点，一般按国家标准中的技术要求对成品进行测试，以其中的最低项作为评定缝纫线等级的依据，可分为一等品、二等品和等外品。

缝纫线的测试指标主要包括断裂强度和断裂伸长率、缩水率和可缝性。断裂强度和断裂伸长率反映缝纫线的力学性能，关系到缝纫线的实用价值。缩水率直接影响校服的尺寸和外观，一般要求与校服相配伍。可缝性是反映缝纫线加工性的主要指标，也是缝纫线品质的综合体现。

其具体项目检测方法可见 GB/T 6836—2018《缝纫线》国家标准，本节不再详述。

（八）商标和标志

商标是商品最重要的标记，商标代表着公司的形象。商标不仅会影响消费者购买商品的信心指数，同时也能反映校服质量。商标或是客户提供，或是由客户指定的辅料供应商提供，有时也由供应商按照客户的要求再定制。如果是在国内定制，就存在着对商标品质的管理。标志是由国家颁布的标准说明和图形符号构成，其目的是进行有关说明。

商标和标志按材料、类型及加工方法划分，有梭织（织标）、印刷（印标）、纸吊牌、革制（皮牌）等。

1. 织标的品质问题

（1）织制密度

可用密度镜检查，应保证良好外观，达到客户提供的原样密度。织制密度不够，表现为露底色浮纱、字迹图案间断不清晰等现象。

（2）手感适中，外观平整

外观不平整可能是上浆整理不适中，而不合适的上浆整理又会使织标的手感过硬或过软。不同种类的校服对织标手感有一定的要求，手感可以通过不同的上浆整理予以改善。低浆整理适合作衬衫的商标；重浆整理适合较大的、缝在外衣上的商标；中浆整理则介于两者之间。

因此，商标品质不仅要注意外观的平整度，也要注意手感的软硬度，并与客户原样进行对比。

（3）表面无皱缩、卷曲和歪斜

织标的原料一般都采用涤纶丝，作为一种热塑性的材料，在受热以后会产生收缩，从而使织标产生皱缩、卷曲和歪斜。为解决这一问题，可以通过热定型来解决。

绝大多数的织标以110℃做热定型，但有些服装的加工步骤可能会超过这一温度，如免烫整理、高温水洗和熨烫。一旦超过这一加工温度，织标将收缩而产生不良外观。

皱缩、卷曲和歪斜可以通过提高热定型温度来予以解决，一般将热定型温度提高到190℃以上即可。

在织标的品质管理中，如果服装要经过高温的加工，应对织标进行高温试验。在订购织标时，需要向供应商提出相应的要求。

（4）织标无吸色

在校服染色或在使用中容易掉色的校服织标，应预先对其进行抗沾色整理，通过抗沾色的整理工序，可以在织标表面形成一层保护膜，从而防止织标沾染染料。在订购织标时，也要向辅料供应商提出相关要求。

（5）织标无褪色

PU和PVC涂层的织标，有可能会产生颜色转移问题，织标上的染料可能会褪色并转移到面料上，通过对织标做间色处理，可以有效地防止颜色转移。

（6）剪折整齐

很多采用手工剪折的织标外观不一致，不整齐，可以通过采用自动剪折机来改善。折线位置准确，外观整齐。

2. 吊牌的品质问题

吊牌品质在保证内容正确以外，还应该满足以下要求：

① 吊牌用纸的种类要正确，可以通过观察外观、用测厚仪检验厚度、称重等方法来进行检验。

② 颜色准确，墨量均匀，墨不掉色，图案适中、对称、间距合适。

③ 条形码正确，条码线不黏不断，印刷质量好。用识码器扫描有嘀声。

④ 覆膜光亮，无气泡，黏连紧密，裁切刀口整齐。

⑤ 穿线位置离边 5～7 mm，孔距合适，线长比纸牌略长。

第二节
中小学生校服生产过程品质控制

校服的生产过程包括裁剪、黏合、缝制、熨烫、后整理等工艺。通过对各个工艺进行有效控制，从而整体上控制生产过程的品质，保证产品质量。

一、裁剪品质控制

裁剪是校服生产"三大工艺"之一，裁剪的质量不仅影响校服产品的质量、校服产品的成本，也直接影响校服的生产效率。

（一）裁剪前的要求

裁剪是校服加工的第一个环节，裁剪质量是保证缝制质量的前提。在对面料正式裁剪前，应注意以下项目的核查，把好裁剪质量关。

① 核对原、辅料收缩率测试数据。

② 原、辅料等级是否符合要求。

③ 面料纬斜是否超标。

④ 样板规格是否准确。

⑤ 色差、疵点、污损、残破等是否超标。

⑥ 大小样板数量与样板登记卡是否一致。

⑦ 用料率定额是否明确，面料幅宽与生产通知单是否符合。

⑧ 技术要求和工艺规定是否清楚明确。

（二）裁剪方案及内容

所谓裁剪方案，就是在企业现有的生产条件下，依据合理用料和提高效率的原则，把生产订单中的规格、数据合理搭配，分一次或几次进行排料、铺料和裁剪。裁剪方案的内容包括四部分：

① 整批生产任务分几床——床数。
② 每一床铺多少层织物——铺布层数。
③ 每一层排几个规格——规格数。
④ 每一层每个规格排几件——件数。

（三）排料画样的品质控制

排料画样的品质控制，主要从以下几个方面进行：

① 排料图上的样板型号、规格及面料的品号、色泽、门幅等与生产通知单是否相符。
② 面料正、反面有无错，各层正反面是否相同，各裁片方向是否一致。
③ 大小样板有无漏画或错画。
④ 排料图上衣片经纱方向是否偏斜，是否超出允许公差。
⑤ 衣片的倒顺向、拼接、对条、对格等是否符合技术要求。
⑥ 总用料率是否低于额定耗用标准。
⑦ 画样线条是否清晰、宽窄一致，每个裁片的规格是否准确。
⑧ 省位、口袋布等车缝标记有无漏画、模糊不清或错位。
⑨ 排料图上各衣片之间是否留有空隙，如果余量不足，会影响裁剪的精度。一般余量的大小取决于排料工的经验。

（四）铺料的品质控制

① 铺料的品号、色号、花号是否与生产通知单相符。
② 铺料的幅宽、长度是否与排料图相符。
③ 铺料的方式是否符合工艺技术要求。
④ 铺料的正反面、倒顺向、对条、对格及对花是否符合技术要求。
⑤ 每个色泽或花型所铺层数与裁剪方案是否相符。

（五）裁剪品质控制

裁剪工序，是将铺好的布料层沿着排料图上的衣片线条用裁剪设备裁出一个个衣片。裁剪的品质控制主要反映在切口的质量上，切口应整齐清晰，干净利落。因此应注意以下几个方面：

1. 裁剪复核

裁剪前，严格按照要求检查面料、样板、排料图、定位标记、铺料等，可将其归纳为"五核对、八不裁"制度。

"五核对"是：

① 核对合同、款式、规格、型号、批号、数量和工艺单。

② 核对原辅料等级、花型、倒顺、正反、数量、门幅。

③ 核对样板数量是否齐全。

④ 核对原辅料定额和排料图是否齐全。

⑤ 核对铺料层数和要求是否符合技术文件。

"八不裁"是：

① 没有缩率实验数据的不裁。

② 原辅料等级档次不符合要求的不裁。

③ 纬斜超规定的不裁。

④ 样板规格不准确、相关部位不吻合的不裁。

⑤ 色差、疵点、脏残超过标准的不裁。

⑥ 样板不齐全的不裁。

⑦ 定额不齐全的不裁。

⑧ 技术要求交代不清的不裁。

2. 裁剪时严格遵守操作规程

包括裁剪的顺序、操作裁剪机时的姿势、裁片拐角的处理等。

操作规程如下：

① 开裁顺序为先横后直、先外后内、先小后大、先零料后整料、逐段开刀、逐段取料。

② 拐角处从两个方向进刀。

③ 压扶面料用力适中，不可向四周用力。

④ 裁刀垂直，上下不偏。

⑤ 保证刀刃锋利、清洁。

⑥ 按规定位置打好剪口和定位标志。

3. 保证裁刀的锋利和清洁

按照规定，裁剪机操作一定时间后应进行磨刀，并清洁刀刃两侧，保持刀刃始终锋利和清洁。

4. 控制裁刀的温度

为避免裁刀温度过高造成裁片的烫焦和融化，可以通过降低裁刀和面料层的摩擦来实现，一般采用以下的方法：

① 保持裁刀的锋利。
② 在裁剪刀刃上涂上润滑剂。
③ 选择波形刀刃的裁刀。
④ 减少铺布层数。
⑤ 使用防熔化的隔纸和底纸。
⑥ 降低裁剪机的速度。
⑦ 间断操作，裁剪机运行一段时间后停顿一段时间。

二、缝制品质控制

缝制是服装生产过程中的主要环节，所涉及的工序、人员及设备均较多，是质量易发生问题的部门，也是质量控制的重点。

（一）缝制前的要求

1. 缝制前的核对
① 领取衣片时，核对是否与生产通知单中的批号、规格及款式相符合。
② 核对每包或每扎的裁片数。
③ 核对衣片规格尺寸有否变形。
④ 核对工艺单和样衣是否符合。
⑤ 核对裁片与组合部位是否吻合。
⑥ 核对辅料、衬料与面料是否匹配。

2. 缝制材料的检查
包括对面、里料的检查；对缝纫线和衬布的检查；对其他辅料如垫肩、拉链、裤钩、纽扣等的抽样检查。

3. 缝制标准的检查
包括各部位缝制顺序，采用的线迹、缝型等；各部位对条、对格、对图案的具体规定；特殊缝制要求的规定。

4. 缝制设备的检查
包括缝制设备日常的清污、维护保养、工艺参数的调节等。

5. 新款投产前的工作
新款上线前，要考虑新款投入生产线的不适应性，事先充分做好技术措施，并且安排较少的日生产任务，保证新品的质量。

（二）缝制工序品质控制

1. 加工工艺的核查

主要检查实际生产加工是否按照规定的工艺流程、规定的工艺设备及规定的工艺方法进行。

2. 缝制过程中检验点的设置

在缝制过程中的检验也称中间检验，如果检验点设置得合理，不仅能大大减少返修劳动量，同时能及时找出质量问题的根源，控制不合格品的产生。

不同款式的校服，其检验点位置的设置不同，可参照以下几点：

① 检查点尽量设置在组合工序前，这样检查点检查出的疵病可在组合工序前进行返修，在返修时就不必拆开完好的制品。

② 检验点应不被以后的工序所覆盖。

③ 合理配置检验员，并提供适当的工作量。

3. 制品、半成品的检验控制

① 所使用的各种辅料，如线、带子、扣、填充料及衬料等是否与规定的相符。

② 缝制质量是否符合工艺技术要求，如兜牙宽窄是否一致，缝迹整齐与否，各部位对条、对格是否在要求范围内等。

③ 中间熨烫质量是否符合要求，如分缝是否熨烫到位且平挺。

④ 商标、规格标志及成分与洗涤标志等是否钉准，钉牢。

⑤ 部件尺寸及半成品尺寸的误差是否在允差范围内。

⑥ 产品是否整洁，无油污、水渍、浆点、擦伤等情况。

4. 对关键工序和特殊工序的控制

校服生产的关键工序往往操作技术复杂，对操作人员技能要求高，且这些工序极易出现质量问题，比如做领子、绱领子、手工开袋、绱袖子等。为了有效控制这些关键工序，我们不仅需要关注机器设备、材料、人员、加工方法和环境这五大要素，还应特别设立质量控制点。针对这些工序特有的质量问题及易发问题，我们明确控制条件，并采取相应的预防措施，以确保校服生产的整体质量。

特殊工序是指加工的质量不能由后续的监视和测量加以验证，其加工的缺陷只能在使用后或后续工序中才能暴露出来，或者只能通过破坏性试验才能得出结论的工序。校服生产中的黏合工序就是必须实行严格控制的特殊工序。可采取以下措施：对产品使用的面料、衬布的性能进行测试；对黏合设备及黏合中使用的仪器仪表进行同期检定和校准，对操作人员进行培训，考核合格方可上岗操作；严格执行工艺流程等。此外，建立质量控制点也是必不可少的手段。

5. 断针管理

在校服检验中，出现断针就意味着产品的安全得不到保证。为了保证校服中无残留断针，除了可以通过验针机进行检查外，更重要的是通过严格的管理来杜绝断针。一般断针管理的措施如下：

① 由专人负责缝针的发放、调换及记录。

② 操作工应持旧针去换新针，如果某一截断针找不到，就需要把有关的制品进行检针。

③ 负责缝针的管理人员做好调换记录，并将断针粘贴到记录表上。

（三）不合格品的控制

对于车间查出的不合格品，需要根据半成品上记录的车位工号退还给工人返工，返工后再经过检验人员检查，直至合格为止。对于无法返修的半制品，要上报上级主管，对所有检查出来的不合格半制品都要记录在案。

三、熨烫品质控制

（一）熨烫前检查

① 确认选择的熨烫参数，同时对面、辅料的热性能配伍方面进行检测。

② 确定适合面料的熨烫温度，检查是否会烫坏拉链和纽扣，是否会在里料上形成极光等。

③ 检查设备是否完好，开机预热后，检查仪表及各部件等是否运转正常。

④ 检查是否按工艺要求调节设备的工艺参数。

（二）熨烫质量检验控制

根据校服的材料和款式调节熨斗的加热温度。为了避免熨烫后出现极光的痕迹，建议使用尼龙熨斗罩。对厚重针织物来说，建议在熨烫服装时使用一些定型板，这样可以保持熨烫时服装不走样。

1. 半成品熨烫的质量检验

① 半成品的熨烫外形质量是否符合设计要求。

② 有无烫黄、变色、烫焦、极光、沾污、熔孔等熨烫疵点。

③ 是否把衣片或部件熨变形、缝口熨扭了。

④ 是否有熨错位置、漏熨现象。

2. 成品熨烫的质量检验

① 外形是否符合造型设计的要求。

② 外观是否平整，顺服。

③ 是否有明显的烫黄、烫焦、水印、变色、极光等疵点。

④ 是否有把服装拉变形，绒面熨硬，纽扣等附件压坏。

⑤ 是否未熨平或熨出皱痕。

⑥ 是否漏熨。

⑦ 线头、污渍是否清除。

⑧ 折叠形式是否符合要求。

四、后整理品质控制

校服后整理，一般指在包装之前的整理，它是保证校服质量的重要环节。去污、毛梢整理和检针是校服后整理的主要内容。

（一）去污

后整理时的去污，一般是一种局部洗涤。为保证去污的效果应从以下几个方面入手：

1. 准确判断污渍的种类

服装上污渍大体可分为油污类、水化类、蛋白质类三种。三种类型的污渍在织物上都有比较明显的特征。

2. 根据污渍的种类，合理选择相应的洗涤剂

对于棉、麻、黏胶等纤维素纤维织物及其混纺织物，应选用碱性去污材料；而丝、毛等蛋白质纤维织物及其混纺织物，要选用中性或弱酸性去污材料。

3. 正确选择去污方法

洗涤去污方法分水洗和干洗两种。要根据校服的质料和污渍种类，正确选用去污方法。使用化学药剂干洗时，操作要注意从污渍的边缘向中心擦，防止污渍向外扩散；不能用力过大，避免衣服起毛。

4. 去污渍后防止残留污渍圈

无论使用何种去污材料，在去除污渍之后，均应马上用牙刷蘸清水把织物遇水的面积刷得大些，然后再在周围喷些水，使其逐渐淡化，以消除这个明显的边缘，这样无论是烫干还是晾干，都不会留下黄色圈迹。

（二）毛梢整理

毛梢又称线头。毛梢整理是服装加工最容易，但也是最难解决的一道工序。因此，有效管理毛梢，应从以下几个方面做起：

① 及时清理制品上的毛梢。
② 保证生产环境的卫生清洁，及时清理脏污、毛梢。
③ 保证操作人员个人的卫生，上班前后应对工作服做清理，避免穿着附毛梢的工作服上班。
④ 严格按照操作规程操作，减少毛梢的产生。

（三）检针

检针是指对校服成品进行残留针的检查。校服产品上一旦出现了断针，会影响到学生的人身安全。目前常用的检针设备有手持式检针机、台式检针机、输送带式检针机、隧道式检针机等。对检针的管理应做到以下几个方面：

首先，建立每日上下班时清洁检针操作现场的制度，避免二次污染。

其次，划分好检针前、后区域，避免未检针和检针后的服装混放在一起。

再次，建立一整套严格的检针操作规范，做到不遗漏，快捷方便。

最后，应由班长或质检员不定时地抽查检针后的校服，发现问题及时采取措施加以解决。

五、其他工艺过程品质控制

（一）黏合品质控制

黏合质量可从三个方面反映：黏合牢度、外观和尺寸的变化。黏合质量可以直接进行这三个方面的检查、测试，也可以通过洗涤前后这些指标的变化来反映。

1. 黏合牢度检查

黏合牢度一般用剥离强度来表示，需要用剥离试验仪、强力机等相应的测试设备来测试。测试时，可从校服成品（或半成品）上按一定抽样规定剪取宽 2.5 cm、长 25 cm 的黏合衬面料三块作为试验样品。也可剪取长 25 cm、宽 15 cm 的黏合衬样品，再剪一块长 28 cm、宽 18 cm 的标准规定面料，按照压烫条件使样品与面料黏合，压烫后在标准状态下放置 24 h 以上。将黏合后的试样剪成宽 2.5 cm、长 25 cm 的布条三块，并将三块试样预先剥开一部分，留下 5 cm 的未剥离部分。将试样置入剥离试验仪（或强力机）的上下夹头内，夹距为 10 cm，以（10±0.5）cm/min 的速度进行剥离试验。分别读取三个极大值和三个极小值，取其平均数作为一个样品的剥离强度，连续测试三个样品，取平均值作为试样的平均剥离强度。

2. 外观的检查内容

① 黏合后面布是否起泡起皱。
② 面布表面是否有黏胶溢出。
③ 面布黏衬后是否产生变色现象。
④ 黏衬后面布是否达到所希望的风格。

3. 尺寸检查

尺寸的变化可以通过黏合前后或黏合后熨烫、摩擦、洗涤等处理前后尺寸的测量来反映。一般可用收缩率、缩水率、热缩率等指标表示。

（二）锁钉质量控制

锁钉质量检验内容：
① 锁眼、钉扣线的性能、颜色是否与面料相匹配。
② 扣眼间距是否与工艺要求一致。
③ 锁眼的针迹密度是否符合标准要求。
④ 纽扣钉得是否与扣眼位置一致，扣上后是否平服。
⑤ 钉扣是否牢固、耐用。

（三）成衣检验

校服的检验应贯穿于裁剪、缝制、锁眼钉扣、整烫等整个加工过程之中。在包装入库前还应对成品进行全面的检验，以保证产品的质量。

成品检验的主要内容有：
① 款式是否同确认样相同。
② 尺寸规格是否符合工艺单和样衣的要求。
③ 缝合是否正确，缝制是否规整、平服。
④ 条格面料的服装对格对条是否正确。
⑤ 面料丝缕是否正确，面料上有无疵点、油污存在。
⑥ 同件服装中是否存在色差问题。
⑦ 整烫是否良好。
⑧ 黏合衬是否牢固，有否渗胶现象。
⑨ 线头是否已修净。

⑩ 服装辅件是否完整。

⑪ 服装上的尺寸唛、洗水唛、商标等与实际货物内容是否一致，位置是否正确。

⑫ 服装整体形态是否良好。

⑬ 包装是否符合要求。

（四）包装入库

校服可分挂装和箱装两种，箱装一般又有内包装和外包装之分。内包装指一件或数件服装入一胶袋，校服的款号、尺码应与胶袋上标明的一致，包装要求平整美观。一些特别款式的校服在包装时要进行特殊处理，例如扭皱类校服要以绞卷形式包装，以保持其造型风格。

外包装一般用纸箱包装，根据要求或工艺单指令进行尺码、颜色搭配。包装形式一般有混色混码、独色独码、独色混码、混色独码四种。装箱时应注意数量完整，颜色尺寸搭配准确无误。外箱上刷上箱唛，标明学校、指运点、箱号、数量等，内容与实际货物相符。

包装入库品质检查包括：

① 线头、污渍要清理干净。

② 衣服缝子要熨烫平服，不得起烫痕，熨烫后应待水蒸气散尽后才能入袋。

③ 若用有水分的擦布擦过衣服，要将衣服晾干后才能入袋。

④ 全棉面料的衣服要加拷贝纸，有印花的衣服印花处要加拷贝纸。

⑤ 吊牌按指定的位置悬挂，不干胶贴纸按指定的位置粘贴。

⑥ 塑料袋不得破损。

⑦ 配比正确，不混装、少装。

⑧ 纸箱封口处要加垫板，以防开箱时划破衣服。

⑨ 纸箱大小适中，开箱后，衣物要平整，如纸箱在验货时出现破损下沉或纸质太软、受潮等情况，则要立刻更换纸箱。

⑩ 订单无特殊要求，每个订单只允许三个尾箱。

⑪ 箱唛各项内容要填写清楚，不可漏填任何内容。

⑫ 打箱带牢固。

⑬ 装箱单要按实际填写清楚、整洁。

第五章

校服结构设计与制板

随着校园文化内涵建设的提升，校服的品质与个性化需求与日俱增，已经呈现出风格多样、面辅料及加工工艺不断创新、品质要求越来越高的变化，校服设计生产销售的特点将趋向于中小批量、多元化发展。作为校服生产重要环节的样板制作，将不再是"一套运动装样板走天下"的传统模式了。

校服款式不断推陈出新，需要大量的高级制板技术人才，然而这方面的人才匮乏已成为不争的事实，严重制约了校服品质的提高。究其原因，一是制板技术人才成才率低；二是在学习和实践中对样板技术的理解有误区，认为会服装裁剪就能制板，缺乏对校服的整体认知，综合能力不强，结果囫囵吞枣、生搬硬套。校服制板技术是服装综合能力的体现，不再是简单的裁剪技术，它是一个体系，需要具备有关服装艺术设计、服装结构设计、服装工艺、服装材料等多方面的知识。全面提升这些方面的综合能力，是提高样板技术水平的先决条件。

在校服生产流程中，样板起着承上启下的作用，它首先要把设计创意"物理化"，同时又是指导校服缝制工艺的载体。在"物理化"的过程中，必须对创意思想和款式风格有准确的理解，否则制作的样板是形似而神不似，样板所反映的时尚性就会降低。因此，样板制作水平的高低首先取决于对款式设计内涵的理解程度，样板师的设计能力与人文素养决定了对设计作品理解的深度，也是影响结构设计能力和制板技术的重要因素。

在校服制作中，操作工主要是将裁片缝合或组装，缝制的方式、方法和效率的高低，很大程度上取决于样板质量。缝制工艺方法、面辅料的性能对样板的影响是决定性的，在样板制作时，首先对缝制工艺做比较周密的方案，工艺设计必须与款式风格相协调，并且要体现在样板上。对于非工艺水平的问题，要在样板上做相应的处理，因此，工艺水平直接决定了样板细节的处理能力。

第一节
校服样板制作步骤

校服样板制作的步骤主要有"款式图解读—尺寸制定—结构设计—工艺参数设置—样板修正"等几个步骤。

一、解读款式设计图是样板制作的先决条件

制板工艺技术的首要环节是对款式的理解与二次设计,目的是让创意思想在现有的技术条件下能够实现。在二次设计中必须确保不偏离原设计者的初衷,二次设计是锦上添花,而不是破坏效果,这就需要设计者正确理解作品的内涵。因此,现代板师的审美、设计能力是其技术素养的重要组成部分。

解读款式设计图是对作品创意思想和文化内涵理解的过程。校服是校园文化集中反映的载体,是学生精神风貌和心理特征的表象,读懂款式才能正确把握校服的内涵,才能保证样板结构布局的合理,这也是样板技术的最高境界。解读款式设计图从款式风格、廓形和面辅材料三个方面入手。风格最能反映学生的心理特征,流行通常指的是一种风格的流行。风格的分类方法很多,主要有粗犷、柔美浪漫、复古、前卫、休闲等。风格的体现主要取决于款式、色彩、结构、工艺、材料和配饰,把握了风格特点就可以在板型设计中选择合适的结构、正确的工艺以及与面辅材料相适应的技术处理方式。型是诠释形体美的手段,也是对风格强化的措施。任何一款服装的流行都有其特殊的型,控制部位规格是展示校服廓形的关键,理解了款式的型才能设计出各部位的尺寸,系列尺寸设计是制板技术的重点和难点。因此,型是开启样板制作的切入点。面辅材料是服装的主体材料,性能和质地决定校服的效果,甚至同样的款式,由于材料肌理、性能、质地的不同,使得校服效果截然相反。材料对制板技术的各个环节,如尺寸设计、结构设计、工艺设计等有直接的影响。

二、尺寸制定是样板制作的关键

控制部位尺寸是展示校服廓形的主要手段,同时也是服装年龄层次定位的主要依据,尺寸是否合理也就成了制板技术的重要环节。在制定服装规格时需要把握三个原则:一是母板的基本数据必须依据既有的服装号型标准所提供的数据模型;二是必须符合服装定位中年龄层次的需求;三是必须符合销售区域内消费群体的体型特征。

号型标准将我国儿童体型按身高进行了分类,共划分为小童、中童和大童三类,不同号型都对应有各个控制部位的净体数据,为我们提供了制定尺寸合理的数据模型依据。

制定尺寸时首先要查阅相关净体数据,然后根据款式特点加放松量得到成衣尺寸。在加放中要掌握各种类型服装加放的一般规律,重点是"三围",

它直接决定了该款服装是宽松还是合体。在此基础上，还要考虑面料性能、面料厚度以及是否有填充物。

三、结构设计是样板制作的核心

结构是校服样板的主体，合理的结构设计是制板的核心技术。在结构设计时必须把握两个基本原则：一是结构设计与款式风格相协调；二是结构设计必须符合人体外形，满足人体运动功能。结构设计在制板工艺技术中是最复杂的环节，实现结构设计的手段和方法主要有平面结构、原型和立体裁剪三种，这三类方法各有优势，既可以独立使用，也可以综合运用。无论使用哪种方法，都必须保持款式"型"的正确、分割与整体相呼应、部件与款式相协调。结构设计的切入点可以先从款式主要部件的分类入手。例如上装，无论上衣款式如何变化，其主要部件分领、袖和正身前后片三部分。领子则分为立领、翻领、驳领、平领和无领五种；袖子分为一片袖和两片袖；前后片分为三分之一、四分之一两种结构。各类部件都有基本型。结构设计时首先分类选择各部件的基本型，然后根据款式修正其外形，再运用美的法则进行分割、省道转移等技术处理。

四、工艺参数是结构设计图转化为样板的必要环节

工艺参数在服装制作过程中是不可或缺的，它们主要涵盖缝份、折率、缩率等关键要素，是工艺验证的重要组成部分。这些参数在制板时必须提前预留，它们不仅是样板的细节处理技术，更是衡量板师技术水平和实践经验的重要标志。结构设计图，即我们通常所说的净缝图，是款式设计经过分解并平面化的一种表现方式。然而，这种图纸并不能直接用于生产，因为缺少了必要的工艺参数。只有添加了这些参数，结构设计图才能转化为可用于实际生产的服装样板。

缝份是制板过程中常见的技术参数，其大小由缝制工艺设计和面料性能共同决定。例如，在成衣底边采用明绱线工艺时，缝份可以相对较小；而若需要绲边工艺时，则缝份需适当加大。而面料性能对缝份的影响尤为显著。对于薄、透且悬垂感强的面料，细腻的缝份能够增添美感；反之，若缝份处理不当，则可能破坏面料的整体效果。

折率是一个由面料性能、织造密度及生产工艺共同影响的变量。在裁片中，斜丝部位和不同丝缕方向的部件拼接时会产生折率，肩斜部位尤为明显。

特别是在运动装中，由于面料斜丝方向的弹性较强，缝合肩缝时该部位容易拉长，导致实际肩宽大于预设尺寸。因此，在制作样板时，应适当减小肩宽以预留伸长量。

此外，面料及填充物的厚度也会影响服装各部位的尺寸。以胸围为例，当面料或填充物厚度增加时，实际胸围尺寸会相应减少。

第二节
校服样板局部制作与修正

样板修正指的是综合考虑面料、工艺等要素，修正并完善样板。修正过程中，既要把握款式的风格，完善造型，又要考虑局部与整体的协调性。同时，在细节处理上保持与面料性能、工艺制作方法相匹配。要求局部位置、走向、形状、大小与体型特征、款式风格一致。主要内容包括样板常规修正、样板部件配伍及修正、样板与面料匹配修正。

一、样板常规修正

样板常规修正指的是对样板尺寸进行核对和补差、结构调整以及部件配伍。根据生产用样板要求，所有裁片都要配齐，包括面板、部件、定型板、里板、衬板等。

（1）尺寸补差和样板修正

制板过程中影响样板尺寸准确性的几个因素：一是画线位置不正或不准确；二是计算错误或者是精度不够；三是结构分割影响尺寸。尤其弧线分割时为了线条美观，可能会剪切掉一定的量，这部分的量需要在其他地方补足。

修正方法：对照尺寸表中各部位数据，逐个裁片测量并核对样片，如果有偏差，重新确定各个部位的位置，并调整结构线。

（2）样板校对及修正

① 拼接部位修正。拼接部位指的是直线拼接、弧线拼接、不规则拼接等部位。制作样板时可能会遇到拼接部位长短不一、部件结构不准确等问题。修正方法一般是将对接裁片比对后，修正该部位长度和弧线。例如，将前后

摆缝、肩缝等拼接部位重合进行比对，检查长度是否相等、弧线是否圆顺。如果不符合要求，需要重新确定位置，调整结构线。

需要注意的是，有些部位为了满足体型特征和款式造型需要，长度可以不相等。例如，后肩缝长度大于前肩缝长度，袖山弧线长度大于袖窿弧线长度。弧线部位在校对长度的同时，还要修正好缝合标记。

② 局部结构修正。把握款式风格与内涵，结合当前流行趋势，配合整体造型的需要做局部调整，尤其是对款式塑型有较大影响的部位。例如，当下流行上装修身、窄袖、高腰节的风格，需要将该款式结构进行调整。具体方法是：提高腰节线、袖隆线，减少袖肥的量，重新确定位置后连接，并画顺弧线。

二、样板部件配伍及修正

部件是校服的重要组成部分，分布在服装的表层、夹层和底层上。夹层、底层结构的塑型以及裁片分割需要在已有的相关裁片上配伍并修正。

表层部件样板多数是两层结构，在制板中通过修型、比对、复制等步骤完成；夹层部件和底层里子样板多数是单层结构，需要在衣身样板上配伍、复制、分割、合并或者单独绘制，校对准确后再放缝头；对于需要在裁片上进行分割、转移等复杂手段完成的部件，要先做结构处理，再修正。例如女裙，需要在腰部分割后，再做省道转移的复杂结构。

三、样板与面料匹配修正

质地性能稳定的面料裁剪后一般不会发生变化，而悬垂感强、柔软轻薄的面料裁剪后容易变形，样板修正时需要充分考虑变量，以弥补面料性能对样板的影响。例如，裤子龙门弧线、裙摆等受面料悬垂影响会变形，需要在该部位预设变量。需要注意的是，面料性能不同，各部位缝头大小也不一样，薄面料缝头一般比厚面料缝头要小。

对于有缩水率的面料样板修正，需要先测试面料缩水率，然后按照样板长度或者宽度的比例分别加放到样板中。

厚面料或者缝制时增加多层辅料，尤其衣服内部添加填充物，会使围度变小，需要计算厚度增加后的变量，将其加放到样板中重新修正。

四、样板确定

样板确定总要求：面板、里板、工艺板等门类要齐全；部件样板数符合要求；符号、文字标注规范；根据面料属性和工艺要求逐个部位放缝头。样板准确与否，还需要缝制成样衣进行全方位验证。样板确定后进行推板，完成系列批量生产用样板。

第三节
校服制板技术方向

随着服装行业向智能制造、数字化与信息化方向的快速迈进，校服制板技术也将迎来深刻的变革和升级。

一、全面数字化与智能化

数字化将成为校服制板的基础。未来，校服样板制作将完全依赖于高精度的数字化工具和软件，如CAD（计算机辅助设计）系统和3D技术。这些工具将大大提高制板的精确度和效率，减少手工操作的依赖。智能化算法将应用于样板修正和优化过程中，通过大数据分析学生体型数据、穿着习惯等信息，自动生成最优化的样板方案，将进一步减少人工干预和试错成本。

二、个性化与定制化

随着消费者对个性化需求的增加，校服制板技术将更加注重个性化和定制化。通过数字化平台，学生和家长可以参与设计过程，选择款式、颜色、面料等，甚至调整版型细节，以满足个人喜好和需求。智能化系统将能够根据学生的体型数据，自动调整样板尺寸和版型，实现"一人一版"的精准定制，提高穿着的舒适度和美观度。

三、虚拟试衣与仿真技术

3D 虚拟试衣技术将广泛应用于校服制板过程中。设计师和校方可以在虚拟环境中预览校服效果，包括面料质感、颜色搭配、穿着效果等，从而提前发现并解决潜在问题。仿真技术将进一步提升虚拟试衣的逼真度，使试衣效果更加接近真实穿着体验，为样板制作提供可靠的参考依据。

四、自动化与集成化生产

数字化制板将与自动化裁剪、缝制等生产线紧密集成，形成完整的智能制造体系。通过物联网、云计算等先进技术，实现生产过程的实时监控和智能调度，提高生产效率和产品质量。自动化生产线将减少人工操作环节，降低劳动强度，提高生产安全性。同时，通过数据分析和优化算法，不断改善生产流程，提高资源利用效率。

五、绿色环保与可持续发展

环保和可持续发展将成为校服制板技术的重要考虑因素。采用环保材料和工艺进行制板和生产，可减少对环境的影响。同时，通过数字化手段优化生产流程，可减少浪费和能耗。推动校服循环利用和回收项目的实施，通过数字化手段记录和管理校服的使用情况，为后续的回收和再利用提供数据支持。

校服制板技术将随着服装行业的智能化、数字化和信息化发展而不断升级和完善。未来，我们将看到更加高效、精准、个性化、环保的校服制板技术应用于实际生产中，为学生们带来更加舒适、美观、实用的校服产品。

第六章

校服设计理论研究

第一节
校服设计的背景

在当今的教育环境中，中小学生群体大部分时间都处于与同学、同伴的相处之中，相比之下，与家长相伴的时光则显得较为有限。这种特殊的生活状态赋予了校服独特的意义——它不仅是一种着装方式，更是将个人融入班级乃至整个学校的桥梁，让学生在校园中寻求到强烈的归属感。归属感的重要性对于学生来说不言而喻，而校园文化作为这份归属感的重要源泉，其影响力更是深远。

1. 教育环境与学校文化的演变

随着教育理念的不断更新，学校越来越重视培养学生的综合素质和个性发展。校服作为学校文化的重要组成部分，其设计也日益体现出这一趋势，旨在通过服饰的形式展现学生的精神风貌和学校的独特文化。

2. 社会审美观念的变迁

当代社会审美观念日益多元化，学生群体对于美的追求也更加个性化和多样化。这种变化直接影响到校服的设计，促使设计师在保持校服基本功能性的同时，融入更多的时尚元素和个性化设计，以满足学生的审美需求。

3. 面料与技术的革新

随着纺织面料和服装制作技术的不断进步，校服在面料选择、色彩搭配、制作工艺等方面都有了更多的可能性。这些革新不仅提升了校服的舒适度和耐用性，也为设计师提供了更广阔的创作空间。

4. 安全与健康意识的提升

当代社会对于学生安全和健康的关注度不断提高，这也反映在校服的设计上。设计师在设计校服时，需要充分考虑面料的环保性、透气性以及穿着的舒适性，以确保学生的身体健康。

5. 文化传承与国际化视野

校服设计往往承载着一定的文化传承意义，通过服饰的形式可展现地域文化、民族特色等。同时，随着全球化的推进，校服设计也越来越注重国际化视野，吸收借鉴国际先进的设计理念和制作技术，提升校服的品质。

6. 学生参与与意见反馈

当代学生更加注重自我表达和意见反馈，他们对于校服设计的参与度也越来越高。学校和教育机构会积极听取学生的意见和建议,将其融入到校服设计中,以更好地满足学生的需求和期望。

7. 政策导向与标准化要求

政府部门对于校服的设计和生产也制定了一系列的政策和标准,以确保校服的质量和安全。这些政策导向和标准化要求对于规范校服市场、提升校服品质起到了积极的推动作用。

总之,当代校服设计的背景是一个多元化、复杂化的过程,它受到教育环境、社会审美观念、面料技术、安全健康意识、文化传承、学生参与以及政策导向等多方面因素的影响。这些因素相互交织、共同作用,推动了当代校服设计的不断发展和创新。

第二节
校服设计的定位

一、校服的行为属性定位

校服作为一种在校园内普遍穿着的服装,其行为属性主要体现在其对学生日常行为的规范与引导上。通过统一的着装,学生能够更加自觉地融入集体,减少个性张扬可能带来的冲突,从而促进和谐的校园氛围。此外,校服还承载着学校对学生行为举止的期许,如整洁、得体的着装能够反映学生的自律与尊重他人的态度。因此,在校服设计中,应注重其实用性与功能性,确保学生在各种校园活动中都能自如活动,同时通过细节设计传递学校的行为规范要求。

二、校服的物质属性定位

物质属性是校服设计的基础,它直接关联到校服的质量、舒适度以及耐用性等方面。随着生活水平的提高,人们对于服装的物质需求也在不断提升。在校服设计上,应摒弃以往"经济实用、保暖舒适"的单一追求,转而注重面料的舒适、剪裁的精细以及工艺的提升。选择环保、透气的面料,确保学生在穿着过程中感受到舒适与自由;同时,注重校服的耐用性,使其在多次洗涤后仍能保持良好的形态与色彩。此外，还可以根据季节变化设计不同款式的校服，以满足学生的多样化需求。

三、校服的精神属性定位

精神属性是校服设计的灵魂所在，它体现了学校的文化特色、教育理念以及对学生精神风貌的塑造。校服作为一种社会符号和校园文化的象征，其设计应充分融入学校的历史传统、校风校训以及学生精神风貌等元素。通过独特的色彩搭配、图案设计以及款式选择，展现学校的独特魅力与个性风采。同时，校服还应承载着对学生价值观的引导与塑造作用，如通过设计寓意深远的校徽、校训等元素，激发学生的集体荣誉感和责任感；通过时尚、潮流的设计风格，引导学生树立正确的审美观与消费观。

第三节
校服设计理念

校服作为制服的一个特殊种类，起源于欧洲的贵族学校。随着教育的普及与生活水平的提高，校服在全世界的中小学中得到普及。校服的使用不仅展现了学生的青春与活力，也使得学校的培养理念得到更好的传播。但是由于受传统思想的制约，很多校服设计者和生产商仍拘泥于原有的设计理念与工艺技术，难以满足当今社会对校服设计的要求。本章节通过分析国内外中小学校服设计理念，为设计舒适、环保、安全、时尚的校服提供一定的参考依据。

一、面料的选用

由于面料生产和加工工艺的改进，越来越多的新型纤维面料及纺纱、织造工艺应用到校服的生产加工过程中。目前，我国校服常用的织物原料主要有棉、人造纤维与合成纤维。棉织物制作的校服吸湿导汗能力强、手感柔软，且花色种类较丰富，常见的有涤棉布、锦棉布等。人造纤维与合成纤维面料具有成本低廉、风格独特、容易护理等特点。校服面料在选用过程中应符合以下几个方面的要求。

（一）舒适性

校服作为服装的一个特殊种类，必须符合服装最基本的要求——舒适性。校服面料应具有吸湿导汗、清洁卫生、柔软保暖等特性。由于中小学生正处在生长发育时期，因此校服的清洁卫生是面料选择的首要问题。比如棉织物对皮肤具有亲肤、无刺激，同时又具有较好的吸湿导汗、柔软保暖的效果，历来被认为是制作校服的首选面料。舒适性受到众多因素的影响，应根据不同环境进行选择。如在我国北方，气温常年较低，因此在制作校服时应选用较为厚重、致密、挡风的化纤面料作为校服的主要面料。

（二）功能性

合成纤维工艺的改进及织物后整理技术的提高，赋予了面料不同的功能性。面料的功能性也为校服的设计提供了新的设计思路。以阻燃面料为例，随着阻燃黏胶纤维生产工艺的日趋成熟，其被大量应用在阻燃服饰的设计中，极大地提高了学生的人身安全。此外，抗紫外线、防电磁辐射等面料的使用，也大大提高了校服的功能性，最大限度地维护了学生的身体健康。

（三）易护理性

由于中小学生正处于青春期，该年龄段的学生活泼好动，往往会使衣服变得脏乱、褶皱等，这就需要在校服设计上选择易护理的面料。以羊毛为例，由于羊毛织物耐酸碱性能较差，且不能机洗，若用羊毛作为校服的面料，必然会对校服的护理与保养提出较高的要求。因此，校服在设计过程中应充分考虑服装的易护理性。目前，常用的方法是对合成纤维进行改性处理，模仿天然纤维柔软舒适、吸湿保暖的优点，又可兼具合成纤维耐酸碱、耐机洗、易护理保养的特点，其中锦纶仿羊毛处理就是一个典型的例子。

二、服装款式设计理念

选择合适的面料后，根据面料的特性对服装进行款式设计就显得尤为重要。总体来说，男生校服多为西服、西裤和衬衣；女生校服则种类繁多，主要为短裙、衬衫等。而我国大部分中学生校服选用运动装。结合国内外校服的设计现状，校服的款式设计应遵循以下几方面的设计理念。

（一）校服的历史文化内涵

校服的设计往往具有一定的历史性与文化内涵，如英国著名的伊顿公学的校服就是特点鲜明的燕尾服款式，而英国基督医学院的校服则是延续了几百年的款式设计，不仅能给人以深刻的印象，还增加了学生对学校的认同感、归属感以及荣誉感。同时，国外不少知名中小学的校服还运用了校标，如伊顿公学利用银色百合与黑色相结合，再配以雄狮图案的校标，充分说明了建校时的历史渊源。相比国外校服标志的设计，我国在这方面还有很大的差距。目前，我国最常用的标志设计是标注地名与校名，无历史和文化内涵，因此在校服的设计过程中，应该注重表现学校的历史文化与传承的主流思想。

（二）满足青春期生理和心理特点

目前，校服的设计理念有两种主流观点：一种是突出性别差异的校服设计；另一种是弱化性别差异的校服设计。不同地区、不同文化对这两种观点的认识各不相同。英美国家在校服设计上往往更加注重性别差异。仍以英国中小学为例，英国教育认为男生应从小培养自己的绅士风度，着装必须为西服、西裤，而女生则以淑女为榜样，着装以裙装为主。这种校服设计充分体现了英国的经典文化和教育理念。同时，这种性别差别化设计不仅从款式上进行区分，同时在校服的色彩搭配上也有不同。如英国中学男生一般以学徒帽来表现自身的聪慧、灵活与技巧，而女生则选择贝雷帽体现自己的儒雅与淑女。中国则主张弱化性别差异，因此我国在校服设计上也大多为男女款式相同的运动服。

（三）学生参与校服设计

校服最终的穿着者和消费者都是中小学生，校服的设计是否具有较高的认可度与满意度主要由中小学生决定。因此，很多国家和地区都让中小学生参与校服设计。设计师收集中小学生对校服的设计理念后，制作多套样衣让学生自主选择，根据大家的意见决定校服的款式。学生参与校服设计，提高了学生对校服的认可度与满意度。

三、校服设计的几点建议

（一）小学校服设计的功能化

由于小学生身材较小，应运用特殊的颜色起到警示作用。比如在雨天时，如果穿着醒目颜色的校服，就可以有效地给司机警示，避免交通事故的发生。同时，为了小学生的人身安全，可以在校服设计的过程中植入定位装置、安全码等安全设备，提高校服的使用价值和功能性。

（二）完善校服配饰

目前，我国校服的设计还集中在对校服外套的设计上，很少关注校服相应配饰的设计，如校标、校帽等。只有拥有完整的校服配饰，才能体现校服的整体美感，并增强中小学生对学校的归属感。同时，校服的配饰应该根据不同的地区、气候及政治、经济、文化背景做出相应的调整，不应千篇一律。如在东北地区，校服的配饰可以为统一设计的围巾等。

（三）提高校服的品牌性

校服作为服装的一个特殊门类，自然有其品牌性的特点。以英国伊顿公学的校服生产商就是凭借伊顿校服的品牌而成为世界知名服装生产企业。我国的校服生产企业还处在萌芽与代加工阶段，没有自主设计开发的经验与开创的品牌。我国校服生产加工企业应打破传统的来样加工格局，积极参与到校服款式设计、品牌塑造的过程中，以提高企业知名度，为企业注入更多的活力。

中小学的校服设计应在满足吸湿导汗、柔软舒适等性能的基础上，增加校服的阻燃、抗紫外线、警示、定位、扫码等功能，提高校服的安全防护作用。同时，校服的设计应以绿色环保、健康时尚为设计理念，打造校服品牌，丰富校服款式，提高中小学生对校服的认同感与满意度，并对校园文化与教育理念进行宣传。

第四节
校服设计分类

一、品类分类

制式装设计：主要用于学校的重要场合，如开学典礼、毕业典礼、颁奖典礼等。设计庄重华丽，注重细节处理和整体协调性，体现学生的优雅以及学校的品牌形象。具体款式为男生包括西服套装（西装上衣、西裤）、领带、正装衬衫等；女生则包括礼服裙、西装外套、衬衫、领结等。制式装校服体现了精心设计、精良材料、精工制造、精确服务的内涵，同时也体现了校服在制作上更加规范化和专业化（图6-1）。我国的制式装校服受英伦、日韩校服影响较大，设计中添加了很多时尚元素。

图6-1 制式装设计

运动装设计：我国的校服普遍以运动装为主，目的在于培养学生们团队精神的形成，树立学校优良的整体形象，增强集体的荣誉感。运动装主要用于体育课、运动会、课外体育活动场所穿着。运动装以其简洁大方的款式造型、便捷舒适的穿脱方式，受到了许多热爱运动的青少年的欢迎。款式包括运动T恤、运动背心、运动短裤、运动长裤等，有时还包括运动鞋和运动袜。同时由于这类校服经济耐用，也得到了大多数学校和家长的认可（图6-2）。

日常装设计：学生大部分时间都是在教室内学习，需要轻松、舒适的穿着方式。日常学习装主要用于学生在校学习期间的穿着，如上课、自习、课间休息等。这类服装要求设计简约大方，注重实用性和舒适度，色彩搭配应清新，符合学生身份和学校形象。常见款式包括长袖/短袖衬衫、针织衫、夹克等上衣，以及长裤、裙子等下装。这也是最常见的校服类别（图6-3）。

传统校服设计：传统校服汇聚了中国传统文化，将流行时尚、历史传承融合于多元化的不同元素中，提高学生认知美的能力，增强学生对传统文化

图 6-2　运动装设计

图 6-3　日常装设计

的认同感和文化自信，也是将充满韵味的中国礼仪文化更加具象化的体现。具体款式包括汉服、旗袍等改良版校服，或其他具有民族特色的校服款式。主要用于学校组织的传统文化活动、节日庆典等场景，也可作为日常学习服的补充或特色展示。传统校服的设计既传承了中国古代灿烂绚丽文化，又引发了人们对校服设计的热情，这种新颖的理念是值得推崇的（图 6-4）。

图 6-4 传统校服设计

二、季节分类

夏季校服设计：夏季日常学习、户外活动等场所穿着的校服。具体款式包括短袖T恤、短袖衬衫、短裤、短裙、连衣裙等。要求服装轻薄透气，色彩清新，注重吸湿排汗性能，确保学生在高温下穿着舒适。

春秋季校服设计：春秋季节日常学习、户外活动等场所穿着的校服。具体款式可能包括长袖衬衫、长袖T恤、针织背心、针织开衫、卫衣、运动外套、西装背心、西装外套、夹克、长裤、短裙、连衣裙等。面料选择要厚度适中，保暖性与透气性兼备，设计应灵活多变，便于学生根据气候变化进行搭配。

冬季校服设计：冬季日常学习、户外活动、上下学途中等场所穿着的校服。可能加绒外套、羽绒服、棉衣、冲锋衣、棉运动外套、棉卫衣、保暖长裤、厚袜子等。要求舒适保暖，注重防寒性能，设计注重细节处理，确保学生在寒冷天气中也能保持温暖。

第五节
校服设计表现

一、主题设计

校服是以学校集体生活为主题，应具有简洁、统一的风格。主题设计应紧密结合学校的校园文化和教育理念。其款式应注重美观大方，摒弃过分华丽和繁琐的装饰，同时还应有统一的标志。比如，如果学校有着深厚的文化底蕴，我们可以采用古典元素为主题，如中式风格的刺绣、传统的色彩搭配等，以展现学校的文化底蕴。如果学校强调现代科技与未来教育，我们可以采用简洁的线条、几何图形和未来感的色彩，来展现学校的创新精神和前瞻性。主题设计需要体现学校的独特性和教育目标，让学生穿上校服时能够感受到归属感与自豪感。另外，我们还要充分平衡教师服与学生服之间的协调，要有系列感，才能达到统一的整体效果。

二、款式设计

校服是校园文化的重要体现，因此款式的设计既要体现学校严肃、庄重的一面，也应兼顾时尚与实用性。款式设计时既要考虑学生的年龄、性别和体型特点，也要力求达到在实用性和美观性上的完美统一。对于小学生，款式可以更加活泼可爱，如采用泡袖短款上衣、宽松的裤子或裙子，便于学生活动。初中生和高中生的款式则可以稍显成熟大方，如修身上衣和裤子或 A 字裙等，展现学生的青春活力。同时，校服的设计还应体现男女性别的差异，突出不同性别的魅力，男生的设计应该简约阳刚，女生的设计则可以体现柔美优雅为主。另外，校服款式应具有一定的包容性，能够适应不同学生的体型变化。

三、色彩设计

色彩设计在校服中起着至关重要的作用。首先，校服的色彩设计要结合学校所处地区的地域气候特点和校园文化特色，还要考虑学校自身的校园文化背景和建筑色彩等因素。其次，要考虑穿着者所处的年龄层次和性格特点，如明亮、清新的色彩可以带来积极向上的氛围。不同明度和纯度的色彩搭配，能营造和谐或跳跃的视觉效果，彰显学生不同时期的个性。再次，色彩要与学校的主题相协调，如根据学校标志或校徽的颜色延伸作为服装主色调，以增强学校特色，烘托学校氛围。同时，色彩设计也要考虑到季节性因素，如冬季可以选择暖色调，夏季则可以选择冷色调。

四、面料设计

面料设计要注重舒适性和耐用性。校服要伴随学生度过长时间的学习和生活，因此，面料的选择有很大的讲究。首先，校服面料的选择注重耐脏、耐磨、透气等多个方面，近年来出现了彩色棉、莱卡、黏胶纤维织物、天丝、牛奶纤维织物等面料，极大地适应了校服面料的需求。在"低碳环保、绿色环保"绿色思潮的影响下，面料选择应尽量采用低碳环保、可降解的环保面料，以降低对环境的污染。

五、细节设计

校服的细节设计也就是校服的局部造型设计，是提升校服品质的关键。在设计中，校服的细节设计需充分体现功能性与审美性的有机结合。我们要注重以下几个方面：

领口和袖口设计：领口和袖口是学生日常活动中容易磨损的部位，应采用耐磨、耐洗的面料，并设计合理的尺寸和结构，以确保其牢固耐用。同时，可以加入一些装饰性的元素，如刺绣、蕾丝等，以增加校服的时尚感。

口袋设计：口袋是学生存放物品的重要部分，应设计得既实用又美观。可以采用隐藏式口袋或斜插式口袋等设计，以增加校服的时尚感。同时，口袋的容量和深度也要适中，以方便学生存放物品。

腰带和拉链设计：腰带和拉链是校服中常见的装饰元素，应选用优质的材料，并设计得既牢固又易于操作。在设计中可以加入一些创新元素，如可调节的腰带设计、隐藏式拉链等，以提高校服的实用性和美观度。

六、功能设计

功能设计是校服设计中不可或缺的一部分。学生时代体型变化较快，而且运动量较大，因此在进行结构设计时应更多地考虑人体工学因素，综合考虑学生时代的成长状态和运动量相对较大的特点，关键部位可采用可调节结构，如腰围、袖长、裤长等位置，通过可调结构使得其尺寸能产生变化，以适应学生时代随成长体型逐步加大的态势。其次，在设计时，我们要充分考虑学生的实际需求和使用场景。例如，在校服上加入反光条或荧光图案，以提高学生在夜间或光线较暗环境下的安全性；在冬季校服中加入可脱卸的保暖内胆或羽绒填充物，可根据气候变化和个人体质进行合理搭配；在夏季校服中设计透气网孔或采用轻薄面料，以提高透气性和舒适度。此外，我们还可以根据学校的实际需求，设计一些特殊的功能性校服，如运动服、实验服等，以满足学生在不同场合下的穿着需求。

第六节
校服设计风格

一、英伦风格

英伦风也叫经典传统风格。源自英国维多利亚时期。以自然、优雅、含蓄、高贵为风格特点，运用苏格兰格子面料，以及良好的简洁修身的剪裁设计，体现出绅士风度与贵族气质，尤其带有浓厚的欧洲学院味道。这种风格的校服设计往往注重经典元素和历史传承，色彩选择较为保守，如深蓝、灰色、纯黑、纯白、殷红、藏蓝、卡其色等，强调稳重与端庄。设计细节上，可包含校徽、领带、西装外套等元素，展现学校的正式和庄重。图案花型主要以条纹和方格为主，整体风格彰显古典、优雅而沉稳，充满学院派气息。常见的款式为男生穿西装外套搭配长裤，女生则是西装外套搭配裙子，整体风格优雅而经典（图6-5、图6-6）。

二、民族风格

随着中国式校服改良事业的开始，打造传承中华美学精髓，体现国人气质的民族风格的校服设计已蔚然成风。民族风格在款式设计往往借鉴民族传统服饰的剪裁和造型，如旗袍的立领、盘扣、开衩、对襟等元素，或是汉服的宽袍大袖、束腰设计等。在图案设计上多采用民族传统元素，如中国传统的龙凤、牡丹、云纹、水波纹等，这些图案不仅具有装饰性，还承载着民族的历史和文化。在色彩方面通常取自民族传统色彩，如中国红的鲜艳、青花瓷的蓝白搭配等，这些色彩不仅具有视觉冲击力，还富含深厚的文化内涵。另外，在工艺上还会经常采用刺绣、云锦、结绳等加工工艺。这些元素，经过现代设计理念的提炼后，在校服的设计细节中加以广泛采用，展示出其独有的中国文化魅力（图6-7、图6-8）。

图6-5 英伦风格校服设计一

图6-6 英伦风格校服设计二

现代校服设计及标准研制

图 6-7　民族风格校服设计一

图 6-8　民族风格校服设计二

三、休闲风格

校服设计中的休闲风格是将运动装的自由舒适，和时装中的潮流时尚巧妙地融为一体，是中国本土式校服的一大热点。休闲风校服突出了"运动时装化"的概念，通过简洁舒适的款式造型，宽松的剪裁方式，充分考虑学生的活动量和需要自由呼吸的要求。在色彩搭配上，常以黑色、蓝色、灰色等为主，大面积的色彩混搭，避免过于花哨的设计和过多的饰品，以凸显学生的身份和气质。休闲风格的校服注重细节设计，例如，口袋、拉链等细节设计都充分考虑到学生日常携带的物品，确保校服能够满足学生的生活需求。面料一般采用轻便的棉麻混纺或其他天然纤维材料，如棉质、麻质等，确保学生穿着时的舒适度。还经常会有一些嵌条、包缝等的细节工艺，展现出此类休闲风格校服的新内涵。休闲风格的校服同样强调统一性，所有学生穿着相同风格的校服，有助于树立学生的集体意识和荣誉感，增强学校的凝聚力和认同感（图6-9、图6-10）。

图6-9 休闲风格校服设计一

图6-10 休闲风格校服设计二

第七节
校服的设计模式

服装设计是一个充满创造性和技术性的实践过程，它以塑造服装的外轮廓造型为核心，配以局部或内部分割组合，从而实现服装的外观形象。校服所关注的消费群体与业态模式都具有其独特性，如校服设计要满足学校形象的个性表达，同时也要符合学生个体的功能及审美的多元需求。

校园文化下的校服设计注重对某个顾客（学校）个性进行设计，以及使用者学生群体的统一性，因而比较适合采用半定制的方式进行设计，关注设计过程中对顾客体验及参与感等价值的实现，设计模式如图6-11所示。

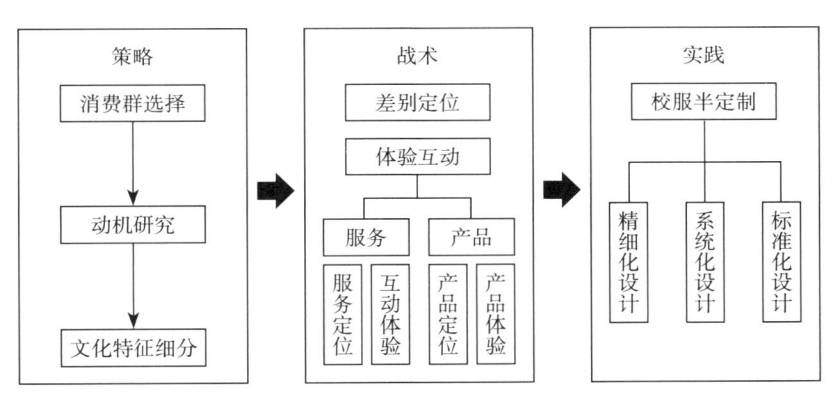

图 6-11 校服的设计模式

校服设计模式包括策略、战术和实践三个部分组成：

策略是指制定消费群的区隔策略，从校园文化细分的视角来理清其定位，满足校服设计的动机需求；战术是指基于校园文化层面的校服设计动机的方法，包括差别化定位和体验互动两个部分，基于校服消费族群定位联结点的个性化、功能化和互动化的设计探索；实践是设计模式的落实与实现，通过半定制环节的精细化设计，从校服的文化定位到消费者的使用体验及互动全价值链设计的系统化，从策略到战术的执行上实现标准化。

第七章

校服设计的方法与实践

第一节
校服设计的方法

一、色彩的合理运用

色彩本无特定的感情内容，它是通过人们的视觉感官在人脑中枢出现的思想活动，这种思想活动给色彩赋予了情感感受。在校服的设计中，掌握好色彩的运用是非常重要的，好的色彩搭配可以在视觉上取胜。一般来说，色彩的合理运用主要指的是色调的设计与搭配，如选择暖色调或冷色调。在一套服装色彩设计时，通常会以一种色调为主，配以1~2种辅助色，从而在不破坏整体效果的同时，使设计的整体风格协调和稳定。

从色彩属性着手是校服设计的切入点，同时参考中国传统服饰的色彩运用，也能从中获得启发。中国传统服装具有很强的民族特色，用色彩体现服饰的文化，可以充分利用这一特征来完成对"青年"元素的解读。在中国的传统服饰中，每个颜色的运用都具有一定的象征意义和文化底蕴，除了众所周知的红色和金色之外，实际上还有许多传统颜色。中国校服可以参照传统色进行适当的调整，必将能够使校服焕发新的活力。

在中国传统文化中，五行学说是一种重要的哲学观念，它认为宇宙万物皆由金、木、水、火、土五种基本元素构成，并且这五行与各种自然现象、方位、季节、颜色等紧密相关。在服饰传统色的研究中，五行之色也经常被提及和应用。

金：

代表色：白色、金色

金色在五行中代表金属，象征着纯洁、高贵和财富。而白色则常被视为金属光泽的延伸，也代表着清新、纯净、高贵和神圣。在校服设计中，白色是运用较多的色彩，代表着清新、活泼、纯净的学生气质。

木：

代表色：绿色、青色

绿色是生命的象征，与木的生长、茂盛紧密相连。在五行学说中，绿色和青色都代表木，它们寓意着生机、活力和希望。在校服设计中，这些颜色常被用来表达自然、清新和健康的主题。

水：

代表色：黑色、蓝色

黑色在五行中常被视为水的象征，它代表着深邃、神秘和包容。同时，蓝色也是水的代表色之一，它象征着广阔、深远和宁静。在校服设计中，黑色和蓝色的运用能够营造出一种稳重、内敛而又不失优雅的氛围。

火：

代表色：红色、紫色

红色是火的直接象征，它代表着热情、活力和力量。紫色在五行学说中也被视为与火相关的颜色，虽然它更多地代表着高贵和神秘。在校服设计中，红色和紫色的运用能够展现出一种热烈、奔放的气质。

土：

代表色：黄色、棕色

黄色在五行中代表土，它象征着大地、稳重和富饶。棕色则与土壤的颜色相近，也常被看作是土的代表色之一。这些颜色在校服设计中能够传递出一种自然、质朴和温暖的感觉。

二、款式的创新设计

对于校服的款式设计，许多国家根据各自国情都进行了不同的创新设计，形成了各自的风格，既体现了各自的文化传统和审美观念，也满足了不同学生的需求和喜好。

如日本校服款式，展现出多样化的设计风格。既有传统的水手服、西装等款式，也有现代的休闲装、运动装等。这种多样化的风格满足了不同学生的审美需求。同时，日本校服在细节设计上非常讲究，如袖口、领口、裙摆等部位的装饰都经过精心设计，使校服看起来更加精致、有特色。

韩国校服在款式上较为西化，借鉴了欧美国家的校服设计风格。校服通常以西装外套、衬衫、领带或领结等为主要元素，展现出一种优雅、整洁的形象。韩国女生校服多为及膝裙搭配长袜或紧身裤；男生则多为长裤搭配西装外套。这种设计既体现了性别特征，也符合韩国社会的审美观念。

英国校服以其传统和经典的设计风格而著称。校服款式通常较为正式、庄重，以西装、衬衫、领带等为主要元素。这种设计体现了英国文化的严谨和庄重。在细节设计上，英国校服非常考究，如纽扣、口袋、缝线等都经过精心设计和制作。这些细节上的精致处理使校服看起来更加高贵、典雅。尽管英国校服在款式上较为统一，但学生仍然可以通过领带、围巾等配饰的选择来展现自己的个性和风格。同时，一些学校还会在校服上绣上学生的名字或学号等个性化标识。

中国校服设计则注重简洁大方，不过分张扬，符合学生身份和校园文化的特点。校服款式通常以宽松为主，便于学生活动，同时也考虑到学生穿着时的舒适度和便利性。在现代的中国校服设计中，也融入了丰富的传统文化元素，如汉服、旗袍、中山装经常成为我们设计传统礼仪校服的灵感源。襟扣、立领等这些元素不仅体现了中国文化的独特魅力，也增强了学生对传统文化的认同感和自豪感。另外，中国校服上通常会印有学校的校徽标识，这是学校的象征，也是学生荣誉的标志。校徽的设计往往与学校的历史、文化和精神内涵紧密相连。

通过对比，我们可以看到各国在校服设计上既注重传统文化的传承，又不断创新，以满足学生的多样化需求。这样的设计理念不仅提升了校服的美观性和实用性，也促进了学生对校园文化的认同感和归属感。

三、面料的选择

在选择校服的面料时，应考虑学生各种场合所具备多方面的要求，以确保校服既符合学生的实际需求，又体现设计的美感和实用性。

1. 舒适性

校服面料应柔软舒适，具备良好的透气性，使学生在穿着时能够感受到轻松与自在。另外，良好的吸湿性可以保持学生身体的干爽，避免因汗水积聚而引起的不适。

2. 耐用性

校服面料需要能够承受学生在日常活动中的磨损，如跑步、玩耍等，因此耐磨性是一个重要指标。其次，面料不易起球，可以延长校服的使用寿命，并保持其外观整洁。

3. 易护理性

校服面料应易于清洗，方便家长和学生进行日常打理。对于某些地区或季节，快干性能尤为重要，可以缩短晾晒时间，避免长时间湿润带来的不便。

4. 适应性

根据当地的气候条件选择合适的面料。例如，炎热潮湿地区应选择透气性好的面料，而寒冷干燥地区则需要选择保暖性好的面料。不同年龄段的学生以及活动量不同的学生，对校服面料的需求也有所不同。年龄较小的学生应选择柔软透气、吸湿性好的面料，而活动量大的学生则需要选择耐磨性好的面料。

5. 安全性与环保性

校服面料必须符合最新的国家标准，如 GB 18401—2010《国家纺织产品基本安全技术规范》和 GB/T 31888—2015《中小学生校服技术规范》等。优先选择环保材料，减少对学生健康的影响，同时也符合可持续发展的理念。

6. 美观性

面料应具有良好的色彩稳定性和图案清晰度，以展现校服的美观和设计感。面料具有适当的光泽度和质感可以提升校服的整体品质感，使学生穿着时更加自信地。

因此，在选择校服面料时应综合考虑舒适性、耐用性、易护理性、适应性、安全性、环保性以及美观性等多个方面。通过精心挑选合适的面料，可以为学生打造出既实用又美观的校服。

第二节
校服功能性设计需求

一、运动与安全性设计

灵活性与耐用性：校服设计应充分考虑学生的日常活动，包括课间操，体育课及课外活动中的跑、跳、蹲等动作。因此，校服面料需具备良好的弹性与恢复性，确保学生们穿着时动作自如不受限。同时，应采用耐磨、抗撕裂的面料，以延长校服使用寿命，减少因频繁更换校服而产生浪费。

反光与安全标识：为了提升学生在校园内外的可见性，特别是在早晚光线不佳或雨雪天气时，校服上可融入反光条或采用高可见度色彩设计，确保学生的安全。此外，校服上还可以印制学校标识、紧急联系方式等安全信息，以便在需要时迅速识别与联系。

防护功能：针对特定运动或环境，如户外实验课、体育比赛等，校服可考虑加入防晒、防风、防雨等功能性面料，保护学生免受恶劣天气或外界环境的伤害。

二、健康与舒适性设计

透气性与吸湿性：校服面料应具备良好的透气性和吸湿性，能够迅速将汗水排出并蒸发，保持学生身体干爽，减少因长时间穿着潮湿衣物而引起的不适和疾病风险。

环保与无害：随着环保意识的提升，校服面料的选择应倾向于环保材料，如有机棉、再生纤维等，以减少对环境的影响。同时，要确保面料不含有害化学物质，如甲醛、荧光剂等，保障学生皮肤健康。

合身剪裁：校服的设计应注重人体工学，采用合身而不紧绷的剪裁，既展现学生的青春活力，又避免束缚感，确保长时间穿着的舒适性。此外，考虑到学生生长发育的特点，校服尺码设置应具有一定的包容性，便于调整。

三、科技与时尚性设计

智能科技融合：随着科技的发展，校服设计可融入智能元素，如智能温控面料、健康监测传感器等，为学生提供更加个性化的穿着体验。例如，智能温控面料可根据环境温度自动调节服装温度，保持学生的舒适感受。

时尚元素融入：校服作为学生在校园内的日常着装，其设计也应紧跟时尚潮流。通过色彩搭配、图案设计、细节装饰等方式，将时尚元素巧妙融入校服设计中，展现学生的青春活力和个性风采。

多功能性与可搭配性：校服设计应注重多功能性和可搭配性，以满足学生在不同场合的着装需求。例如，设计可拆卸的帽子、袖套等配件，使校服在不同季节或天气条件下都能保持适宜的穿着状态。同时，提供多样化的色彩和款式选择，让学生可以根据自己的喜好进行搭配。

第三节
校服开发的方法与途径

一、色彩的搭配

学生的世界观是在校园生活中逐渐完善和具备的，在这个过程中，自我意识形态也逐步建立，包括对于颜色的认知也在不断变化的环境中发生改变，因此校服色彩的搭配的重要性不言而喻。校服的颜色搭配一定要凸显出淡雅与积极的表现力，不适合运用太过鲜明的色彩比对，不然使得学生的注意力难以集中，继而干扰到其平常的校园生活。在进行色彩搭配设计时，可按照校园建筑的颜色、校徽的颜色等校园主色调为基础，也可基于时令的差异，按照老师、女生及其父母偏好的色彩来确定校服的颜色搭配。校服颜色的确定除按照学生基于各季节校服颜色搭配需求的差异外，还应当综合考量校服的实用性。比如春季、夏季以及秋季的校服色彩必须结合学生自身活力的青春诉求以及校服本身的庄严性，因此花色和素色融合以及淡雅的主色调可使得校服颜色搭配整体比较合理。冬季的校服通常运用深色调，耐脏效果好，也可以在此色调上融入一些明亮的颜色，从而提升校服全面的魅力感。

下述例子中，我们把校服色彩设计分为三个系列，系列一主要以粉蓝色、白色、灰色为主色调，金银两色作为辅助色，而粉蓝色又称小男孩蓝，它干净、纯粹，在视觉上给予人清新而温暖的印象，仿佛不谙世事的小男孩，透露着活泼和天真（图7-1）。系列二和系列三在颜色搭配上，大面积采用深色系，主要以深蓝色与黑色为主，蓝色代表博大胸怀和永不言弃的精神，而黑色代表稳定、庄重，在辅助色上则选择了白色和浅蓝色（图7-2）。用色彩在不同的款式上进行划分，不仅能使学生眼前一亮，还可以逐渐弱化学生长期以来对于校服的抵触情绪。

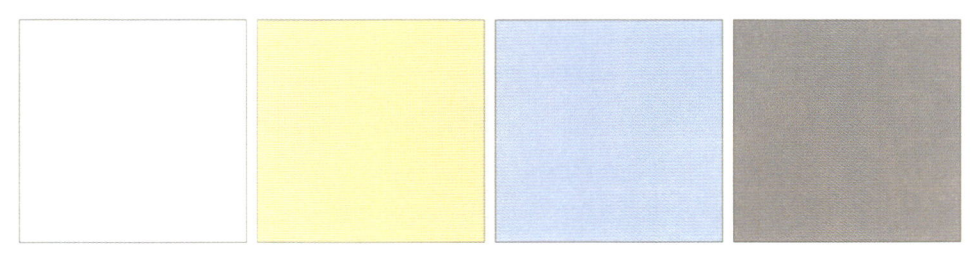

图7-1 校服色彩设计系列一

图7-2 校服色彩设计系列二、三

二、面料、辅料的选择

（一）面料的选择

校服面料的选取应当符合如下几点要求：第一，面料必须保证合理的安全性和舒适性，学龄期的学生基本都处于活泼好动的时期，这对于面料属性而言，必须要符合质量好、耐磨性高、极易清洗、透气性高以及储存性好等特征；第二，面料的选定必须从弹力度、厚薄度以及悬垂度等几个维度进行考量；第三，面料的选取还必须考虑其价格，价格过高的校服不宜在校园广泛推广，应选用性价比高的面料。所以在面料选取时，基本敲定为弹力度高、安全性系数高、透气性好、保暖性好与卫生性能高的纤维材料，集中为棉织物面料、经编面料、聚酯纤维面料三类。

在校服设计中，对于衬衫的面料选择，必须使用质地柔软、吸湿透气的棉织物。这种面料不仅舒适亲肤，还能有效吸收和排出汗液，让学生在穿着时保持干爽。此外，在衬衫的腋下位置，可特别设计经编面料制作的透气垫片，这种设计进一步增强了衬衫的透气性，让学生能够在活动时更加自在。

在连衣裙的设计上，一般选择聚酯纤维面料。这种面料以其高强度、高模量、耐化学性、耐热和耐光性好的特征，优良的质感和手感使其成为目前最时髦的合纤面料之一。将这种面料融入校服设计中，使连衣裙既时尚又实用。

外套与针织毛衫方面，一般采用羊毛混纺的面料。这种面料中主要含有美利奴羊毛，其含量超过60%，赋予了校服良好的保暖性和挺括性特征。美利奴羊毛以其柔软、细腻的特性，为学生提供了温暖的穿着体验。

在服装外套的里衬选择上，要注重面料的弹性和舒适度。因此，一般选用弹度较好的聚氨酯面料作为里衬。这种面料能够有效保障学生在进行大幅度动作时不受衣服的限制，使他们的活动更加自如。

对于长裤和褶裙，一般都选用了混纺棉材料。其结合了纯棉和其他纤维（如涤纶）的优点，具有更好的弹性和恢复性，而且柔软舒适，不会对学生的身体造成任何限制。无论是深蹲还是久坐，校服都能迅速恢复原状，既满足了审美要求，又降低了穿着的受制感。同时减少起皱现象。这种面料在保持舒适性的同时，也提高了耐用性。

在运动服的设计中，一般选用100%棉织物材料，并融入了抑制毛球的面料技术。这种抑制毛球的涤纶面料是基于常生毛球的再生纤维材料不断改进后形成的，能够有效降低校服摩擦部位的起球性。这种面料的运用不仅提高了校服的耐用性，还增强了其美观度。

另外，也可以选用涤盖棉材料作为校服的面料。这种材料结合了涤纶和棉纤维的优点，具有柔软性高、透气性好、耐磨性强以及抑皱性强的特点。涤盖棉针织材料通常具备优良的弹度和拉伸度，材质柔软、抑制皱性强、毛型感较好，且易清洗和晾晒时间短。这些特点使得涤盖棉材料成为校服设计的理想选择。

（二）辅料的选择

校服的辅料选择应符合以下要求：第一，功能性需求。根据校服的设计和功能需求，选择合适的辅料。例如，拉链、纽扣、松紧带等辅料需要具有足够的弹性、耐磨性等。一般拉链和纽扣会选择树脂拉链和金属拉头。第二，安全性要求。辅料应无毒、无味、无刺激性，避免对学生皮肤造成不良影响。还有，采用反光条可以提高学生在夜间或低光环境下的可见性，增强安全性。第三，环保要求。辅料的选择应符合环保要求，减少对环境的影响。选择可再生、可降解的环保材料，降低生产过程中的污染排放，减少环境污染。第四，美观性需求。辅料的选择也需要考虑美观性，与校服整体风格相协调。

第四节
校服设计实践

一、设计构思

本次设计实践基于校服文化的育人价值和设计实践研究的理论基础，联合校友企业宁波恒驰服饰有限公司旗下的"冠栖"校服品牌，以凸显宁波本土文化的校园文创产品——校服设计为实践项目，着力探索我国校服文化的创新之路。

经过对宁波市场的深入调研、企业访谈及校园走访，我们从研究 5G 时代新校服、新功能、新时尚的角度出发，结合"冠栖"校服品牌文化，实地探访了宁波天一阁、保国寺、宁波美术馆、宁波博物馆等多个地标性景点，旨在将新校服设计与校园文化和中国元素巧妙融合。通过运用宁波滨海城市的优秀服饰文化、海洋文化、红帮文化等元素，我们设计出多样化的纹样图案与款式，以打造中国校服的新风尚，彰显新时代学生的新形象。

传统文化是国家和民族长期发展、积淀的产物，它体现了国家或民族的精神风貌和风俗习惯。不同的文化元素蕴含着独特的文化内涵。将传统图案元素融入现代服装设计中，不仅有助于设计师更好地表达创作意图，还能反映出服装所承载的深刻人文精神。这样的设计不仅能提升服装的审美价值，还能大大增强服装的艺术魅力。

在引用中国传统图案元素时，服装设计师通常会考虑中国人的审美特征。凤凰、豹子、喜鹊、鲤鱼、龙、虎等传统图形都具有特定的象征意义，设计师可以利用这些图形的寓意进行服装设计，以满足人们在情感上对于文化心理的需求。中国传统图案的寓意丰富多样，涵盖喜庆、祈福、吉祥等各个方面。在服装设计中，将这些具有丰富寓意的传统图案元素与现代流行元素有机结合，可以使服装更好地融入当下的时代环境，从而推动我国现代服装设计水平的不断提升。

基于以上调研与思考，我们最终确定以宁波余姚人王阳明先生的故居及其理念"阳明心学"为设计灵感，将"甬香四溢"定为设计主题，以此体现宁波特色文化。"知行合一"与"推崇内心的回归"是王阳明先生所倡导的核心思想。我们从中提取了先生故居的色彩及其理念所诠释的简约风格，设计出更注重内心世界表达的校园服装。在色彩选择上，我们深入研究阳明故居的自然景观与建筑色彩，提炼出淡雅而富有层次感的色调作为主基调。如故居中常见的青瓦白墙，象征着王阳明先生"知行合一"的清澈与纯粹，这些色彩被巧妙地运用在校服的主体部分。上衣的底色采用淡青或米白，寓意学生心灵的纯净与对知识的渴望。同时，辅以故居中偶见的木质原色或暖灰色调作为点缀，增添一份温润与和谐，象征着学子的谦逊与坚韧（图7-3）。

图 7-3　主题版确定

二、设计拓展与草图绘制

在深入理解主题核心思想后，我们将结合产品特色进行设计构思与草图绘制，着重探讨如何将阳明心学的核心思想，如"心即理"、"知行合一"等，融入日常校园生活的校服设计中。

在款式设计上，我们汲取了中式传统服饰的剪裁精髓。例如，盘扣设计源自中国最古典的旗袍盘扣，其精巧细致，从古老的"结"发展而来，通过一针一线的穿棱，结成一颗圆润端庄的扣子。盘扣不仅起到固定衣服的作用，更体现了一丝不苟的自我涵养，是中国传统文化的浸润与传承。为了赋予校服新的风貌，我们将盘扣元素与现代校服的功能性与舒适性相结合，同时考虑替换为纽扣，以融入更多古典元素，使校服整体焕发不同的色彩。

此外，立领等设计元素也被巧妙运用，旨在设计出既符合学生日常活动需求又不失文化底蕴的校服。在领口与袖口处，设计融入了刺绣和印花工艺，图案选用象征智慧与品德的梅兰竹菊等，寓意学生品德高洁、学识渊博。

在服装设计中，我们注重局部装饰的应用，如下摆、袖口、领部、下襟等部位。通过在这些部位运用图案，整体设计保持简约风格，而局部图案则起到点缀作用，使服装既不失单调，又显得层次分明、主次有序。在引入传统服装装饰方式时，我们特别注意服装纹样的细节设计，采用二方几何纹样拼接艺术，以突出纹样的传统特色，使其既可以是工整细腻的，也可以是粗犷奔放的。

此外，考虑在校服设计中融入阳明心学的哲学思想。通过细节设计，如特定的图案或元素，引导学生思考"心即理"的深刻内涵，鼓励他们在日常生活中践行"致良知"的理念。整体设计旨在通过校服这一日常服饰，潜移默化地传递阳明心学的智慧与力量，让学生在穿着中感受到传统文化的魅力，同时培养其文化自信与高尚情操（图7-4）。

图7-4　草图绘制

三、效果图绘制

在绘制效果图时，首先要确保设计主题的准确体现。设计图中能够清晰体现阳明心学的哲学思想和中式元素的融合。例如，在校服设计中融入象征高洁与坚韧的图案（如竹子、梅花、书卷等），在色彩搭配上采用阳明故居的淡雅色调。其次，要与主题色彩相统一。准确使用从阳明故居提取的色彩作为校服的主色调或点缀色，确保色彩搭配和谐统一，能够准确传达设计主题。

在绘图技巧与表达方面，要确保设计效果图中的校服比例和尺寸准确，能够真实反映实际穿着效果。可以使用接近真人的体形比例来绘制模特，以取得优美的形态感。在色彩与材质表现上，可以运用水粉、水彩、素描等多种绘画方式，准确表现校服的色彩和材质质感。注意色彩的层次感和过渡效果，使设计图更加生动逼真。

最后，在设计效果图完成后，附上必要的文字说明，包括设计意图、主题、面料选择、工艺制作要点等。这有助于他人更好地理解设计构思和制作要求（图7-5）。

图7-5 效果图

四、款式图绘制

在已确定校服设计主题和服装效果图的基础上,绘制平面款式图(也称服装平面图或服装工艺结构图)是校服设计过程中至关重要的一步。这一步骤旨在将设计构思转化为具体的服装结构形态,为后续的裁剪、缝制等生产环节提供准确的指导。

在绘制校服平面款式结构图时首先需注意服装人体比例,根据不同年龄阶段学生的身体比例,服装款式图要根据人体保持各部位的比例协调,符合人体工学原理,确保结构图中的校服比例与实际穿着效果相符,避免出现尺寸偏差。在基本轮廓的基础上,添加领口、袖口、口袋、省道、分割线等细节结构。也可以增加细节放大图,或标注必要的文字说明,如面料选择、工艺要求、特殊装饰等。确保这些细节结构的设计合理,既符合美观要求,又便于裁剪和缝制。

绘制线条时要清晰、流畅,避免模糊不清或交叉重叠。虚实线条要分明,实线表示裁片分割线或外形轮廓线,虚线表示缝迹线或装饰明线。注意针织与梭织面料在结构线设计上的差异,合理利用直线、斜线或曲线来塑造校服的廓形。同时,避免过多的分割线,以保持校服的整体性和协调性(图7-6~图7-9)。

图7-6 平面款式图一

图 7-7　平面款式图二

图 7-8　平面款式图三

图 7-9　平面款式图四

五、纸样设计与工艺制作

在确定校服的具体款式效果图后，进行样板设计与工艺制作是一个关键且细致的过程。主要流程如下：

（一）纸样设计

① 结构制图：在打板纸上根据款式效果图进行结构制图，详细分解校服的各个部分，如衣领、衣袖、衣身等。确保结构制图的准确性，包括尺寸、比例和细节的处理。

② 纸样制作：根据结构制图制作出服装结构的纸样，包括裁剪用样板和工艺用样板（实样、点位样）。裁剪用样板用于服装裁剪前的排料，工艺样板则在缝制过程中使用。纸样上应标明服装款号、部位、规格及质量要求，并在有关拼接处加盖样板复核章。

③ 样板修正：针对客户和工艺的要求及时修正不符合点，并对工艺难点进行攻关，确保样板的准确性和实用性。

（二）工艺制作

① 面料与辅料准备：选择适合校服款式和风格的面料，应考虑到面料的舒适度、耐久性和易清洗性。准备好所需的辅料，如纽扣、拉链、松紧带等，并进行质量检验。

② 裁剪：根据样板绘制出排料图，遵循"完整、合理、节约"的原则进行裁剪，确保裁剪的面料尺寸准确，无损坏或瑕疵。

③ 缝制：根据款式和工艺风格选择合适的缝制方法，包括机器缝制和手工缝制。注意缝制过程中的细节处理，如线迹的均匀、针脚的细密等。对特殊部位进行加固处理，如袖口、领口等。

④ 后续工艺：根据款式要求制作扣眼和钉扣，注意扣眼的形状和大小与纽扣相匹配。对缝制好的校服进行整烫处理，使其外观平整、尺寸准确。注意熨烫的温度和时间控制，避免对面料造成损伤。

（三）注意事项

在整个制作过程中，要严格控制服装尺寸的准确性，确保每件校服都能符合设计要求。注重细节处理，如线头修剪、边缘处理等，以提高校服的整体品质。加强对每个环节的质量控制，确保每一步都符合标准要求。在成衣检验阶段进行严格的检测，确保校服的质量达到客户要求。确保所选面料和辅料的安全性，如无毒、无害、无刺激性等。特别注意校服上是否有尖锐或易脱落的小部件，以免对学生造成伤害。考虑到环保因素，选择可回收或环保型材料制作校服。

第五节
校服设计实践成果展示

校服展示通常分静态陈列和动态展示两种形式，其应根据服装设计主题需要精心策划与执行，以充分展现其独特的文化韵味与时尚感。

一、静态陈列

首先，根据新中式校服的特点，可以设立不同的主题区域，如"古典雅韵""现代融合"等，每个区域通过不同的背景色、装饰元素（如窗棂、屏风、书法卷轴等）来营造氛围，使校服与环境相得益彰。

在背景色彩搭配上，新中式校服往往融合了传统色彩与现代审美，如经典的藏蓝、墨绿、青灰、酒红等，配以金色或银色的细节装饰。在静态陈列时，应注重色彩的和谐与对比，利用灯光效果突出校服的质感与色泽。

在服装款式与模特选择方面，可以将校服按款式分类展示，如男生制服、女生裙装、运动套装等，每种款式都应选取最具代表性的尺寸进行展示。同时，可以利用人体模特或衣架的不同姿态来展现校服的穿着效果，增加立体感。

最后，在陈列中巧妙融入中国传统文化元素，如悬挂一些具有象征意义的中国结、剪纸、扇子等装饰品，或者在背景墙上展示与新中式校服相关的历史故事、设计理念等，提升整体的文化氛围（图7-10）。

二、动态展示

走秀表演：组织一场以新中式校服为主题的走秀表演，邀请专业模特或学生代表穿着不同款式的校服进行展示。通过模特的步态、转身等动作，全方位展现校服的剪裁、面料质感及穿着效果。

图 7-10　校服静态展示

互动体验：设置互动体验区，邀请顾客或学生试穿新中式校服，并配备专业人员进行搭配指导和讲解。通过亲身体验，让顾客更加深入地了解校服的魅力，同时增加购买的欲望。

多媒体展示：利用大屏幕、投影仪等多媒体设备播放与新中式校服相关的视频、图片或3D动画，展示校服的制作过程、设计理念及穿着效果等。通过视觉、听觉等多种感官刺激，提升观众的参与感和兴趣度。

主题活动：结合特定节日或文化事件（如中国传统节日、校园文化节等），举办以新中式校服为主题的活动或展览。通过活动的策划与执行，进一步推广新中式校服的文化内涵和时尚价值（图7-11）。

图 7-11　校服动态展示

第七章　校服设计的方法与实践

参考文献

[1] 陈定凡. 校服的文化价值与育人风采 [N]. 北京：中国教育报刊社，2014.

[2] 范楠楠. 被忽视的重要教育议题：校服的多重教育功能 [J]. 华东师范大学学报，2017，35（6）：7.

[3] 广东产品质量监督检验研究院. 中小学生校服品质控制与检验 [M]. 广州：广东世界图书出版有限公司，2015.

[4] 侯东昱，苗艳聪，杨也. 河北省校服发展现状与创新设计研究 [J]. 明日风尚，2018（3）.

[5] 黄丹. 论校服文化与素质教育的关系 [N]. 辽宁：辽宁美术出版社，2006-09.

[6] 凯瑟琳. 麦凯维时装设计：过程、创新与实践 [M]. 北京：中国纺织出版社，2005.

[7] 李睿. 校服设计的"在地性"研究 [D]. 杭州：中国美术学院，2016.

[8] （美）多丽丝·普瑟. 穿出影响力 [M]. 北京：中国纺织出版社，2006.

[9] 牛海波. 河北省中小学生校服标准规范 [M]. 北京：中国纺织出版社，2018.

[10] 陶红阳. 现代设计元素 [M]. 南宁：广西美术出版社，2005.

[11] 王春燕. 我国中小学校服设计及其发展研究 [D]. 苏州：苏州大学，2008.

[12] 王文洁. 穿在身上的教育语言 [D]. 上海：华东师范大学，2017.

[13] 西蒙·希弗瑞特. 时装设计元素：调研与设计 [M]. 北京：中国纺织出版社，2009.

[14] 熊英. 基于问卷调查的现代校服文化与设计研究 [D]. 武汉：武汉纺织大学，2017.

[15] 杨雨轩. 校服文化与学生心理发展关系的研究 [D]. 北京：北京服装学院，2012.

[16] 袁利. 打破思维的界限 [M]. 北京：中国纺织出版社，2005.

[17] 张华. 校服设计与实践 [M]. 南京：东南大学出版社，2019.

[18] 周利群. 服装设计创意与表现手法 [M]. 北京：化学工业出版社，2009.

[19] 周双. 武汉地区中学校服设计及其应用研究 [D]. 武汉：中南民族大学，2012.